AF450395

TABLE ANALYTIQUE

POUR FACILITER

L'ÉTUDE DES PLANTES

DANS LA

NOUVELLE FLORE

du

DÉPARTEMENT de la MOSELLE

PRIX : **1 FRANC**

METZ

Imprimerie et Lithographie de J. VERRONNAIS
Rue des Jardins, 14

TABLE ANALYTIQUE

POUR FACILITER

L'ÉTUDE DES PLANTES

DANS LA

NOUVELLE FLORE

du

DÉPARTEMENT de la MOSELLE

PRIX : 1 FRANC

METZ

Imprimerie et Lithographie de J. VERRONNAIS

Rue des Jardins, 14

TABLE ANALYTIQUE *d'après la méthode de* LAMARCK
et de DE CANDOLLE, *des genres de plantes
décrits dans la*
Nouvelle Flore de la Moselle.

Après avoir décrit dans la *Nouvelle Flore du
département de la Moselle* les plantes dans l'ordre
du système des familles naturelles de De Candolle, généralement adopté aujourd'hui, nous
croyons utile de les présenter encore dans une
table analytique, comme nous l'avons fait pour
la première édition de la Flore. Au moyen de
cette table, on pourra, par l'analyse d'une
plante, arriver plus facilement à en découvrir
le nom.

Cette table analytique, arrangée d'après celle
de Lamarck et de De Candolle *(Flore française)*,
est, en effet, plus simple et beaucoup plus facile
que les tables synoptiques qui accompagnent les
nouvelles Flores disposées par familles naturelles. A l'aide de cette table, on apprend à
bien distinguer les caractères d'une plante et l'on
peut sans beaucoup de peine en trouver le nom
générique; puis recourant par le Numéro de renvoi
aux descriptions détaillées des plantes de chaque
genre dans l'ouvrage, on parviendra de même
à découvrir le nom de l'espèce que l'on veut
connaître.

*Voici la manière de faire usage de la Table
analytique :*

Chacun des Numéros de la table présente deux
caractères opposés avec renvoi à des Numéros
suivants, et enfin à la page où se trouve décrit le
genre indiqué.

Pour analyser une plante, il faut la prendre
au moment où elle est en pleine floraison,
entière, et, s'il se peut, aussi en fruit ; puis en
partant du N° 1 de la Table, aller successivement
à chacun des Numéros auxquels renvoie celui
des deux caractères mentionnés que l'on recon-
naît appartenir à cette plante, et continuant ainsi
jusqu'à ce qu'on arrive à l'indication d'un genre,
qui est celui dont elle fait partie.

Pour déterminer l'espèce, on devra recourir
aux passages indiqués dans la Flore, où les
espèces du genre sont décrites et distinguées par
les caractères qui leur sont propres.

Nota. Les chiffres placés à la fin des lignes
renvoient aux Numéros de la Table ; ceux qui sont
entre deux parenthèses ( ) renvoient aux pages
de la Flore.

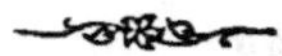

TABLE ANALYTIQUE

1. Plantes phanérogames ; fleurs à étamines et
  pistils apparents, visibles à l'œil nu. *V. le nº* 2
  Plantes cryptogames, à fleurs nulles ou indis-
  tinctes .... *Voyez le nº* 652
2. Fleurs disjointes ou non réunies dans une
  enveloppe commune, et les anthères libres 3
  Fleurs conjointes ou réunies plusieurs ensemble
  dans un calice commun et les anthères soudées 581
3. Fleurs hermaphrodites, c'est-à-dire munies
  d'étamines et de pistils.................... 4
  Fleurs uni-sexuelles, n'ayant que des étamines
  ou bien des pistils.................... 503 *bis.*
4. Fleurs complètes, c'est-à-dire munies d'un
  calice et d'une corolle distincte........... 5
  Fleurs incomplètes, munies d'un calice ou d'une
  corolle seulement, ou dépourvues de l'un et
  de l'autre............................ 584
5. Corolle monopétale, c'est-à-dire d'une seule
  pièce 6
  Corolle polypétale, ou de plusieurs pièces.... 145

MONOPÉTALES

6. Ovaire libre, placé dans la corolle.......... 7
  Ovaire adhérent au calice, ou placé sous la corolle 129
7. Cinq étamines ou moins.................... 8
  Six étamines ou plus...................... 123
8. Corolle régulière, ou à parties sensiblement
  égales.................................... 9
  Corolle irrégulière, ou à parties inégales, ou
  à éperons............................ 60
9. Cinq étamines............................ 10
  Moins de cinq étamines.................... 46

— 6 —

10. Étamines alternes avec les lobes de la corolle. 11
Étamines placées devant les lobes de la corolle 13

11. Feuilles nulles ou radicales, ou alternes le
long de la tige.......................... 12
Feuilles opposées ou verticillées.......... 39

12. Un seul ovaire simple... 17
Deux ou 4 ovaires, entre lesquels s'élève le style 29

13. Feuilles alternes ou éparses, ou radicales.... 14
Feuilles opposées ou verticillées........... 15

14. Hampe nue, feuil. radicales (p. 577) PRIMEVÈRE
Tige feuillée (p. 578)............. SAMOLUS.

15. Cinq étamines 16
Quatre étamines (p. 576)....... CENTENILLE.

16. Capsule à cinq valves, fleurs jaunes (page
574)................... LYSIMACHIE.
Capsule s'ouvrant en boîte à savonnette, fleurs
jamais jaunes (p. 575)........... MOURON.

17. Plantes munies de feuilles................ 18
Plantes dépourvues de feuilles (p. 476) CUSCUTE

18. Limbe de la corolle cilié sur les bords ou tout
hérissé en dessus...................... 19
Limbe de la corolle ni velu ni cilié........ 20

19. Limbe de la corolle barbu (p. 469) MÉNYANTHE.
Limbe de la corolle cilié (p. 470) .. VILLARSIA.

20. SOLANÉES. } Corolle en roue............... 21
Corolle en entonnoir ou en tube,
ou en cloche................. 25

21. Anthères s'ouvrant par deux fentes longitu-
dinales.......................... 22
Anthères s'ouvrant par deux pores à leur sommet (p. 491).............. MORELLE.

22. Calice renflé après la floraison, et renfermant
la baie (p. 494)........... COQUERET.
Calice ne grandissant ni ne se renflant après
la floraison........................ 23

23. Corolle un peu régulière, étamines souvent
   velues (page 498)............... Molène.
   Corolle régulière, étamines glabres.......... 24

24. Fleurs blanches, graines glabres, baies rouges
   et lisses (p. 493)............... Piment.
   Fleurs jaunes, graines velues, baie anguleuse
   et sillonnée (p. 494)............ Tomate.

25. Corolle parfaitement régulière.............. 26
   Limbe de la corolle à lobes inégaux et coupés
   obliquement (p. 497).......... Jusquiame.

26. Corolle en forme de tube ou d'entonnoir allongé 27
   Corolle en forme de cloche................. 28

27. Corolle à 5 angles, ou à 5 plis dans sa partie
   supérieure (p. 496).............. Datura.
   Corolle sans angles ni plis, mais à cinq lobes
   (p. 496)....................... Tabac.

28. Fruit charnu ou baie, étamines égales (page
   495)....................... Belladone.
   Fruit capsulaire, étamines inégales (page
   474).......... Convolvulacées ; Liseron.

29. Borraginées. Entrée du tube de la corolle
   nue..................... 30
   Entrée du tube munie d'é-
   cailles................... 33

30. Corolle à lobes égaux, ou alternativement
   grands et petits..................... 31
   Corolle à lobes inégaux et tronqués obliquement
   (p. 483)....................... Vipérine.

31. Corolle à 5 lobes non entremêlés de petites dents 32
   Une dent saillante entre chacun des lobes de
   la corolle (p. 478).......... Héliotrope.

32. Calice à 5 angles et à 5 lobes qui ne passent
   pas le milieu (p. 483)........ Pulmonaire.
   Calice à 5 lobes qui atteignent près de la base
   (p. 484)....................... Grémil.

33. Corolle en tube, ou en entonnoir............ 34
    Corolle en roue (p. 480).......... BOURRACHE.
34. Corolle en entonnoir, ou à limbe étalé....... 35
    Corolle en tube ventru, à limbe droit (page 482)................... CONSOUDE.
35. Tube de la corolle droit.................... 36
    Tube de la corolle coudé dans le milieu (page 481).................... LYCOPSIS.
36. Divisions de la corolle très-entières........ 37
    Divisions de la corolle un peu échancrées (p. 486)................... MYOSOTIS.
37. Calice régulier........................... 38
    Calice irrégulier (p. 479)......... RAPETTE.
38. Stigmate simple (p. 486)........ MYOSOTIS.
    Stigmate échancré en deux lobes........ 38 *bis*.
38 *bis*. Corolle en entonnoir d'un rouge brun (page 479)............ CYNOGLOSSE.
    Corolle bleue, en soucoupe.......... (page 480).................. OMPHALODÈS.
39. Corolle étranglée et resserrée au-dessus de l'ovaire (p. 583)............... NYCTAGE.
    Corolle non étranglée au-dessous de l'ovaire. 40
40. Un seul ovaire........................... 41
    Deux ovaires sous un seul style.......... 45
41. Lobes de la corolle ciliés sur les bords ou hérissés en dessus.................... 42
    Lobes de la corolle ni ciliés ni hérissés..... 44
42. Lobes de la corolle barbus en dessus..(page) 469)................... MÉNIANTHE.
    Lobes de la corolle ciliés................ 43
43. Fleurs bleues (p. 472)...... *Gentiane ciliée*.
    Fleurs jaunes (p. 470).......... VILLARSIA.
44. Anthères tordues en spirale, fleurs jamais bleues (p. 473).............. ERYTHRÉA.
    Anthères non tordues après la fécondation (p. 471)................... GENTIANE.

45. Calice à 5 parties profondes............... 45 *bis*.
    Calice à 5 dents ou à 5 lobes peu profonds
    (p. 466).................... Asclépias.
45 *bis*. Entrée de la corolle garnie d'appendices
    très-distincts; fleurs en corymbe.... (page
    468)....................Laurier rose.
    Entrée de la corolle presque nue; fleurs axil-
    laires (p. 467)................ Pervenche.
46. Quatre étamines......................... 47
    Deux à trois étamines..................... 55
47. Des feuilles à la racine ou sur la tige....... 48
    Point de feuilles (p. 476).......... Cuscute.
48. Corolle ayant la consistance membraneuse ou
    écailleuse (p. 581)............. Plantain.
    Corolle colorée, non membraneuse ni scarieuse. 49
49. Feuilles opposées le long de la tige......... 50
    Feuilles radicales ou alternes.............. 52
50. Un seul ovaire......................... 51
    Quatre ovaires au fond du calice.......... 121
51. Deux étamines courtes et deux longues (page
    571).......................... Verveine.
    Étamines égales entr'elles (p. 576) Centenille.
52. Fleurs agglomérées en têtes serrées.. (page
    579).................... Globulaire.
    Fleurs non réunies en tête............... 53
53. Arbrisseau à feuilles épineuses (p. 462) Houx.
    Herbes à feuilles non épineuses........... 54
54. Tige droite non rampante (p. 503).. Digitale.
    Tige couchée ou rampante (p. 511) Limoselle.
55. Un seul ovaire......................... 56
    Quatre ovaires au fond du calice (p. 541) Lycope.
56. Un seul style........................... 57
    Trois styles (p. 270).............. Montia.
57. Corolle en roue (p. 511)........ Véronique.
    Corolle en tube ou en entonnoir............ 58

— 10 —

58. Calice et corolle à 4 lobes.................. 59
    Calice et corolle à cinq lobes (p. 465). JASMIN.
59. Fruit charnu, fleurs toujours blanches (page
    463) .... TROÊNE.
    Fruit non charnu, fleurs souvent lilas (page
    463)...................... LILAS.
60 Cinq étamines ou plus.................. 61
    Moins de 5 étamines.................. 63
61. Un seul ovaire..................... 62
    Quatre ovaires au fond du calice .... (page
    483) .... VIPÉRINE.
62. Étamines libres 20
    Étamines réunies toutes ou plusieurs ensemble 64
63. Un seul ovaire..................... 65
    Quatre ovaires au fond du calice 84
64. Feuilles simples (p. 84)......... POLYGALA.
    Feuilles ternées (p. 170) .... TRÈFLE.
65. Deux étamines chargées d'anthères........ 66
    Trois étamines charg. d'anthères (p.270) MONTIA
    Quatre étamines chargées d'anthères........ 69
66. Base de la corolle prolongée en éperon (page
    572) .... UTRICULAIRE.
    Base de la corolle non prolongée en éperon... 67
67. Deux filets stériles et deux chargés d'anthères
    (p. 502)................... GRATIOLE.
    Point de filets stériles.................. 68
68. Corolle en roue, étamines saillantes (page
    511) .... VÉRONIQUE.
    Corolle en cloche très-petite; étamines cachées
    (p. 511) .... LIMOSELLE.
69. Fleurs ramassées en tête dans un calice
    commun (p. 579)......... GLOBULAIRE.
    Fleurs libres et non réunies dans une enve-
    loppe commune.................. 70
70. Feuilles nulles, radicales ou alternes........ 71
    Feuilles opposées ou verticillées 76

71. Feuilles nulles, ou changées en écailles..... 72
    Des feuilles vers la racine ou sur la tige..... 73
72. Calice à deux lèvres, stigmate bifide (page
    519).................... OROBANCHE.
    Calice tubuleux, à 4 lobes, stigmate simple
    (p. 526).................... LATHRÉA.
73. Corolle à deux lèvres.................... 74
    Corolle en roue, en cloche ou en tube...... 75
74. Base de la corolle prolongée en éperon (page
    506)........................... LINAIRE.
    Base de la corolle bossue (p. 505). MUFLIER.
75. Tige droite, garnie de feuilles (p. 503). DIGITALE.
    Tige couchée, ou dont les feuilles naissent
    vers la racine (p. 511)........ LIMOSELLE.
76. Calice à 4 dents ou à 4 lobes.............. 77
    Calice à 5 divisions plus ou moins profondes. 80
77. Epi imbriqué de bractées colorées et serrées
    (p. 527).................... MÉLAMPYRE.
    Bractées lâches, nulle ou foliacées......... 78
78. Calice renflé (p. 529).......... RHINANTHUS.
    Calice non renflé.................... 79
79. Anthères épineu. à leur base (p. 532) EUPHRAISE.
    Anthères simplement cotonneuses ou velues
    (p. 527).................... MÉLAMPYRE.
80. Corolle à deux lèvres très-distinctes........ 81
    Corolle à lobes non disposés en deux lèvres
    bien distinctes......................... 82
81. Base de la corolle prolongée en bosse ou éperon. 74
    Base de la corole ni bossue, ni éperonnée (p.
    528).................... PÉDICULAIRE.
82. Corolle presque globul. (p. 509) SCROPHULAIRE.
    Corolle tubuleuse..................... 83
83. Fleurs solitaires à l'aisselle des feuilles (page
    502)........................... GRATIOLE.
    Fleurs en épis grêles et presque nus (page
    571).................... VERVEINE.

84 LABIÉES. | Deux étamines fertiles 85
         | Quatre étamines fertiles 87

85. Corolle à deux lèvres bien distinctes 86
    Corolle tubuleuse, à 4 ou à 5 lobes presqu'é-
    gaux (p. 541) . . . . LYCOPE.

86. Étamines placées horizontalement sur un
    pivot qui naît du fond de la corolle (page
    542) . . . . SAUGE.
    Étamines simples, ou un peu dentées à la
    base (p. 541) . . . . ROMARIN.

87. Corolle à deux lèvres bien distinctes 88
    Corolle à une seule lèvre, ou à quelques lobes
    non disposés en lèvres 119

88. Étamines couchées sur la lèvre inférieure de
    la corolle (p. 534) . . . . BASILIC.
    Étamines droites ou déjetées du côté supérieur,
    ou cachées dans le tube 89

89. Filaments des étamines bifurqués à leur som-
    met (p. 564) . . . . BRUNELLE.
    Filaments des étamines simples et entiers. 90

90. Calice chargé d'une bosse comprimée et arron-
    die (p. 563) . . . . SCUTELLAIRE.
    Calice n'ayant pas de bosse remarquable 91

91. Une ou deux petite dents de chaque côté à la
    base de la lèvre inférieure de la corolle . . . 92
    Aucune dent à la base de la lèvre inférieure. 93

92. Lèvre supérieure de la corolle entière, anthè-
    res velues en dehors (p. 551) . . . . LAMIUM.
    Lèvre supérieure dentée, anthères pubes-
    centes en dedans (p. 554) . . . . . . GALÉOPSIS.

93. Calice à deux lèvres 94
    Calice dont les dents ne sont point déjetées en
    deux lèvres 100

94. Calice nu après la floraison 96
    Calice fermé de poils après la floraison 95

— 13 —

95. Fleurs en têtes serrées et verticillées au sommet des rameaux (p. 544).......... Thym.
Fleurs en vertic[les] peu serrés ou en petits bouq. au haut des tiges et des ram. (p. 345) Calament.

96. Fleurs axillaires, verticillées ou en épis lâches.   67
Fleurs disposées en épis serrés, imbriqués de bractées courtes sous le calice...........   99

97. Fleurs en verticilles ou en têtes serrées (page 547)...................... Clinopode.
Fleurs solitaires ou en petites grappes lâches.   98

98. Lèvre supérieure de la corolle voûtée ; fruits glabres (p. 547)................ Mélisse.
Lèvre supérieure de la corolle plane, fruits velus (p. 550).................. Melittis.

99. Fleurs blanches ou rouge clair, à tube comprimé (p. 543)................... Origan.
Fleurs purpurines ou bleues, à tube long et cylindrique (p. 535) .... Lavande.

100. Calice à 10 stries 101
Calice non strié.......................... 106

101. Calice nu après la floraison. 102
Calice fermé de poils apr. la flor.(p.549) Népéta.

102. Une ou deux fleurs à chaque aisselle....... 103
Fleurs nombreuses, en verticilles serrés.... 104

103. Etamines écartées les unes des autres (page 545)...................... Sarriette.
Etamines conniventes deux à deux en forme de croix (p. 549).............. Glécoma.

104. Calice en cloche, lèvre supérieure de la corolle crénelée....................... 105
Calice cylindrique, lèvre supérieure de la corolle bifide (p. 560)..... ... Marrube.

105. Dents du calice molles, corolle petite (page 561)...................... Ballotte.
Dents du calice épineuses, corolle 3 à 4 fois plus longue que le calice (p. 554). Galéopsis.

106. Chaque ovaire surmonté d'une touffe de poils
        (p. 562)............ *Agripaume cardiaque.*
      Point de touffe de poils naissant de l'ovaire. 107
107. Calice fermé de poils après la floraison..... 108
      Calice nu.................................. 109
108. Fleurs disposées en bouquets axillaires, for-
        mant verticilles (p. 536) .... MENTHE.
      Fleurs disposées en épis serrés, imbriqués
        de bractées (p. 543)............ ORIGAN.
109. Etamines plus longues que le tube de la corolle 110
      Etamines cachées dans le tube de la corolle. 118
110. Tube de la corolle large et ventru.... (page
        550)...................... MELITTIS.
      Tube de la corolle étroit................... 111
111. Bords de la gorge de la corolle rejetés en bas
        (p. 549)................... NEPETA.
      Bords de la gorge droits ou peu étalés...... 112
112. Tube de la corolle cylindrique non renflé au
        sommet (p. 559)............... BÉTOINE.
      Tube de la corolle plus ou moins évasé au
        sommet................................ 113
113. Etamines rapprochées deux à deux, ou déje-
        tées d'un seul côté...................... 114
      Etamines droites ou écartées en tous sens.. 117
114. Lèvre supérieure de la corolle très-entière.. 115
      Lèvre supérieure de la corolle échancrée ou
        bifide................................ 116
115. Fleurs jaunes (p. 553).. ... GALÉOBDOLON.
      Fleurs blanches ou rouges (p. 551). LAMIUM.
116. Etamines défleuries rejetées sur les côtés de
        la corolle (p. 556)............. STACHYS.
      Etamines défleuries non déjetés de côté (page
        562)...................... AGRIPAUME.
117. Fleurs déjetées d'un même côté, corolle
        distinctement labiée (p. 548).... HYSOPE.
      Fleurs non déjetées d'un seul côté, corolle
        peu labiée................................ 119

118. Fleurs en épis terminaux (p. 535).. Lavande.
     Fleurs en verticilles axillaires .... (page
     562)...................... Agripaume.
119. Lobes de la corolle paraissant prolongés en
     une seul lèvre...................... 120
     Lobes de la corolle à peu près égaux en tous
     sens........................... 121
120. Lèvre supérieure nulle (p. 568). Germandrée.
     Lèvre supérieure remplacée par deux dents,
     fruits ridés (p. 566) .... Bugle.
121. Feuilles entière ou dentées 122
     Feuilles découpées, fleurs en épis très-grêles
     (page 571).................. Verveine.
122. Corolle à 5 lobes presqu'égaux ...... (page
     545) .... Sarriette.
     Corolle à 4 lobes, dont le supérieur entier ou
     échancré (p. 536).............. Menthe.

123. Un seul ovaire........................ 124
     Plusieurs ovaires 128
124. Corolle régulière..................... 125
     Corolle irrégulière 64
125. Tige ligneuse..................... 126
     Tige herbacée (p. 452)........... Pyrole.
126. Un seul stigmate simple 127
     Quatre stigmates, ou un seul partagé en qua-
     tre lobes (p. 712)............ Parisette.
127. Calice simple.................... 127 *bis.*
     Calice double (p. 451)........... Bruyère.
127 *bis.* Baie globuleuse (p. 448)....... Airelle.
     Capsules à 5 loges (p. 450).... Andromède.
128. Fleurs de couleur herbacée, épis grêles (page
     667)...................... Troscart.
     Fleurs blanches ou rougeâtres, en ombelle
     ou en rameaux verticillés (p. 664) Alisma.

129. Feuilles nulles, alternes ou opposées 130
Feuilles verticillées 141

130. Cinq étamines............................ 131
Quatre étamines ou moins................. 137

131. CAMPANULACÉES. { Anthères adhérentes ensemble.............. 132
{ Anthères distinctes..... 133

132. Etamines insérées sous la corolle, une seule
graine............................... 581
Etamines non insérées sur la corolle, capsule
à plusieurs graines (p. 441) .... JASIONE.

133. Feuilles alternes ou éparses.............. 134
Feuilles opposées...................... 135

134. Corolle à lobes linéaires (p. 442) PHYTEUMA.
Corolle à lobes ovales ou arrondis...... 134 *bis*.

134 *bis*. Corolle en cloche; ovaire ou tube du
calice ovoïde ou arrondi........ (page
443)................. CAMPANULE.
Corolle en roue; ovaire ou tube du calice en
prisme allongé (p. 447) PRISMATOCARPUS.

135. Tige ligneuse........................ 136
Tige herbacée (p. 583)........... NYCTAGE.

136. Fleurs en corymbe, 5 stigmates 137
Fleurs latérales ou en bouquets, un stigmate
(p. 339)................ CHÈVREFEUILLE.

137. Feuilles entières (p. 338) .... VIORNE.
Feuilles composées ou pinnatifides... (page
336)...................... SUREAU.

138. Quatre étamines........................ 139
Moins de 4 étamines.................... 140

139. DIPSACÉES. { Fleurs entremêlées de paillettes épineuses .... (page
355)............ DIPSACUS.
{ Fleurs nulles ou non épineuses
(p. 357)........ SCABIEUSE.

140. Valérianées. Graine ou capsule couronnée d'une aigrette plumeuse (p. 351).......... Valériane.
Graine sans aigrette, calice à 5 dents (p. 352)... Mache.

141. Rubiacées... Corolle en roue ou en cloche. 142
Corolle en entonnoir........ 144

142. Fruit composé de deux baies, souvent trois étamines (page 343).......... Garance.
Fruit composé de 2 coques ; jamais 5 étamines. 143

143. Toutes les fleurs hermaphrodites.... (page 343)...................... Gaillet.
Fleurs les unes mâles et les autres hermaphrodites (page 344).......... Valantia.

144. Fruit non couronné par les dents du calice (page 341)................... Shébardia.
Fruit couronné par les dents du calice (p. 342)...................... Aspérule.

POLYPÉTALES.

145. Ovaire libre, ou dans la corolle............ 146
Ovaire adhérent au calice, ou sous la corolle. 309

146. Un seul ovaire 147
Plusieurs ovaires...................... 286

147. Corolle régulière..................... 148
Corolle irrégulière.................... 247

148. Dix étamines ou moins................. 149
Onze étamines ou plus................... 234

149. Trois pétales (p. 118)............ Elatine.
Quatre pétales...................... 150
Cinq pétales........................ 193
Six pétales......................... 233

150. Deux étamines (page 464)......... Frêne.
Quatre étamines...................... 151
Six étamines, dont deux plus courtes...... 156
Huit étamines....................... 154

151. Tige herbacée........................ 153
     Tige ligneuse.......................... 152
152. Feuilles épineuses (page 462)........ Houx
     Feuilles non épineuses (p. 151).... Fusain.
153. Capsule uniloculaire, polysperme... (page
     101).......................... Sagine.
     Capsule à 8 loges et à 8 graines (page
     121)......................... Radiole.
154. Tige garnie de feuilles, 4 styles.......... 155
     Tige garnie d'écailles et point de feuilles (p.
     453)..................... Monotropa.
155. Pétales retrécis en onglet, herbes non aqua-
     tiques (page 119).................. Lin.
     Pétales sessiles ; herbes aquatiques (page
     118)..................... Elatine.
156. Crucifères { Ovaire ou fruit grêle 4 fois au
                   moins plus long que large... 157
                   Ovaire ou fruit dans la longueur
                   ne passe pas 4 fois la largeur. 178
157. Calice à folioles demi-ouvertes ou étalées.. 158
     Calice exactement fermé, à folioles droites. 163
158. Quatre glandes sur le disque de la fleur ;
     silique souvent terminée par une corne.. 159
     Point de glandes sur le disque de la fleur ;
     silique jamais terminée en corne........ 160
159. Calice très-ouvert, feuilles non embrassantes
     (page 55).................. Moutarde.
     Calice peu ouvert et bossu à sa base, feuilles
     embrassantes (page 53)......... Chou.
160. Onglets des pétales longs, valves de la silique
     se roulant en dehors avec élasticité, fleurs
     jamais jaunes (page 44)..... Cardaminé.
     Onglets courts, valves non élastiques,
     fleurs souvent jaunes.................. 161
161. Siliques ayant leurs valves sans côtes ni ner-
     vures, fleurs blanches (p. 39). Nasturtium.

161 (S.) Valves munies d'une seule nervure sur leur dos, fleurs jaunes.................... 162
Valves munies de trois nervures, fleurs jaunes (page 49)............. SISYMBRE.

162. Semenses disposées en une seule série (p. 57)..................... ERUCASTRUM.
Semences disposées irrégulièrement en deux séries (page 58)............. DIPLOTAXIS.

163. Silique cylindrique ou comprimée......... 165
Silique tétragone........................ 164

164. Valves mutiques ; stigmate simple, semence globuleuse (page 41)......... BARBARÉA.
Valves sessiles, stigmate bifide, semences ovales (page 51)............. ERYSIMUM.

165. Siliques dont les valves se roulent en dehors avec élasticité (p. 67)......... DENTAIRE.
Siliques dont les valves s'ouvrent sans élasticité.............................. 166

166. Silique boss. et comme articulée (p. 72). RADIS
Silique ni bosselée, ni articulée.......... 167

167. Graines entourées d'une bordure membraneuse............................ 168
Graines non bordées de membranes....... 169

168. Fleurs blanches ou rouges, étamines sans dents (p. 37)...... MATHIOLE (*Quarantin*).
Fleurs jaunes; étam. dentées (p. 38). GIROFLÉE

169. Feuilles de la tige embrassantes à leur base.. 170
Feuilles de la tige nulles ou non embrassantes à leur base.................... 173

170. Fleurs blanches, ou rouges, ou bleues..... 171
Fleurs jaunes ou jaunâtres................ 172

171. Graines comprimées, fleurs assez petites (page 42)...................... ARABIS.
Graines globuleuses, fleurs assez grandes (page 53)...................... CHOU.

172. Siliques à une seule graine, feuilles entières
(page 71)..................... Pastel.
Siliques à plusieurs graines, feuilles dentées
ou découpées (page 53) .... Chou.

173. Siliques non terminées par une corne...... 174
Siliques terminées en corne (p. 53). Chou.

174. Stigmate simple ou en tête............... 176
Stigmates à deux lobes distincts à la base,
rapprochés au sommet................. 175

175. Calice fermé; deux bosses à la base, graines
presque triangulaires (p. 48)... Julienne.
Calice lâche, à base égale, graines presque
cylindriques (page 50)......... Alliaire

176. Silique cylindrique, fleurs souvent jaunes
(page 49) .... Sisymbre.
Silique comprimée, fleurs jamais jaunes... 177

177. Siliques nombreuses, grêles, serrées contre
la tige; graines en 2 séries (p.42). Tourette
Siliques étalées ou divergeantes; graines en
une seule série (page 42)....... Arabis.

178. Plus d'une graine dans chaq. loge de la silicule. 179
Silicule monosperme, ou divisée en loges
monospermes.......................... 189

179. Silicule échancrée au sommet............ 180
Silicule entière et non échancrée 183

180. Pétales égaux 181
Deux pétales extérieurs plus grands (page
66).................... Iberis.

181. Silicule échancrée au sommet, valves carénées avec rebords................... 182
Silicule non échancrée au sommet, triangu-
laire; valves carénées, sans rebords (page
69)..................... Capsella.

182. Calice persistant; valves de la silique en
carène ailée (p. 64)........... Thlaspi.
Calice caduc; valves crénel. (p. 65). Teesdalia

183. Silicule plane (page 59).......... ALYSSON.
Silique convexe ou bombée............... 184

184. Valves de la silicule planes, concaves ou
hémisphériques..................... 185
Valves de la silicule courbées en carêne
(page 67)..................... LEPIDIUM.

185. Silicule ovoïde ou globuleuse 187
Silicule oblongue...................... 186

186. Feuilles pinnatifides (page 49)... SISYMBRE.
Feuilles entières ou dentées (p. 60). DRAVE.

187. Fleurs blanches 188
Fleurs jaunes ou jaunâtres (p. 62). CAMÉLINE.

188. Silicule munie d'une nervure dorsale appa-
rente (page 60)........... COCHLÉARIA.
Silicule dépourvue de nervure dorsale (page
61)..................... ARMORACIA.

189. Silicule à une seule loge (page 71). PASTEL.
Silicule à deux ou quatre loges........... 190

190. Silicule ovoïde ou globuleuse............. 191
Silicule comprimée, dentée sur le dos des
valves (page 70)........... SENNEBIÉRA.

191. Silicule s'ouvrant à la maturité, fleurs toujours blanches (page 60)... COCHLÉARIA.
Silicule ne s'ouvrant point à la maturité,
fleurs jaunes ou blanches............... 192

192. Fleurs jaunes (page 71).. .... NESLIA.
Fleurs blanches (page 72)....... CALÉPINA.

193. Cinq étamines ou moins.................. 194
Plus de cinq étamines.................. 205

194. Cinq styles......................... 195
Moins de cinq styles.................. 197

195. Feuilles alternés ou radicales............. 196
Feuilles opposées..................... 216

196. Feuilles chargées de poils glanduleux ;
    capsules polyspermes (p. 82).. ROSSOLIS.
    Feuilles sans poils glanduleux, une graine
    nue (page 580)................... STATICE.
197. Arbres ou arbrisseaux..................... 198
    Herbes.................................... 202
198. Feuilles alternes........................ 199
    Feuilles opposées......................... 201
199. Fleurs terminales (p. 332)......... LIERRE.
    Fleurs axillaires ou opposées aux feuilles .. 200
200. Des vrilles opposées aux feuilles....... 200 *bis.*
    Point de vrilles (p. 152)......... NERPRUN.
200 Feuilles lobées, baie à une loge (p. 136) VIGNE.
bis. Feuilles palmées ; ovaire bi ou tétrasperme
    (page 138) .... AMPÉLOPSIDE.
201. Un seul stigmate ; ovaire entouré d'un disque
    glanduleux (page 151)........... FUSAIN.
    Deux stigmat., point de disque (p.133) ERABLE.
202. Feuilles toujours alternes................... 203
    Feuilles opposées ou alternes 249
203. Cinq faisceaux de glandes pédicellées dans
    la fleur page 83)............. PARNASSIE.
    Point de glandes dans la fleur............ 204
204. Calice tubuleux (p. 264) *Salicaire à feuilles d'hysope.*
    Calice en cloche (page 272).... CORRIGIOLE.
205. Un seul style......................... 206
    Plusieurs styles ou point de styles et plu-
    sieurs stigmates...................... 210
206. Feuilles alternes ou nulles................. 207
    Feuilles opposées (page 133)...... ERABLE.
207. Point de feuilles vertes (p. 453) MONOTROPA.
    Des feuilles vertes....................... 208
208. Fleurs jaunes (page 149)............... RUE.
    Fleurs blanches ou rougeâtres 209

209. Feuilles entières ou dentées.......... 209 *bis.*
Feuilles ailées (page 150)........... DICTAME.
209 Calice tubuleux à cinq ou six dents (page
bis. 264)............. *Salicaire à feuilles d'hysope.*
Calice ouvert, à cinq lobes (p. 452) PYROLLE.
210. Arbres ou arbrisseaux (page 133). ERABLE.
Tige herbacée ou à peine ligneuse 211
211. Feuilles alternes ou radicales 212
Feuilles opposées 216
212. Deux styles (page 282) .... SAXIFRAGE.
Quatre ou cinq styles................... 213
213. Feuilles à trois folioles (page 148). OXALIS.
Feuill. simp., ent., ou découp., ou pinnatifides 214
214. Feuilles entières, sans stipules (p. 119) LIN.
Feuilles découpées, munies de stipules... 215
215. Cinq étamines fert. et 5 stér. (p. 145) ERODIUM.
Dix étamines toutes fertiles (p. 140) GÉRANIUM.
216. Calice divisé jusqu'à la base en cinq parties. 217
Calice dont les divisions n'atteignent pas
ou dépassent peu le milieu.......... 228
217. Dix étamines................. 218
Moins de dix étamines.................. 222
218. Deux styles (page 88)....... GYPSOPHILE.
Trois styles........................... 219
Cinq styles........................... 220
219. Pétales entiers ou un peu échancrés (page
102)......................... SABLINE.
Pétales divisés profondément en deux lobes
(page 106)................... STELLAIRE.
220. Pétales entiers (page 102)..... SPARGOUTE.
Pétales profondément divisés en deux lobes. 221
221. Capsules s'ouvrant au sommet, à dix dents
(page 111).................. CÉRASTIUM.
Capsules à cinq valves, légèrement bifides
au sommet (page 111) ...... MALACHIUM.

222. Trois styles............................ 223
  Quatre styles........................... 224
  Cinq styles 227
223. Fleurs terminales en ombelles, à pédoncules inégaux (page 105).... HOLOSTEUM.
  Fleurs solitaires, terminales ou axillaires
  (page 107)....... *Stellaire intermédiaire.*
224. Huit étamines fertiles ou six (p. 118) ELATINE.
  Quatre étamines fertiles 225
225. Calice à 4 pièces entières, capsules à 4 valves. 226
  Calice à quatre pièces découpées, capsules
  à huit valves (page 121) .... RADIOLE.
226 Capsules s'ouvrant en quatre parties par
  le haut (page 101) .... SAGINE.
  Capsules s'ouvrant en huit parties (page
  110) .... MŒNCHIA.
227. Etamines distinctes à la base 228
  Etamines un peu soudées à la base, capsule à dix valves (page 119)........ LIN.
228. Dix étamines........................... 229
  Moins de dix étamines (page 264). *Salicaire
                       à feuilles d'hysope.*
229. Deux styles............................ 230
  Trois styles (page 94)........... SILÈNE.
  Cinq styles............................ 232
230. Calice en tube à cinq dents............. 231
  Calice en cloche, à cinq divisions (page
  88)..................... GYPSOPHILE.
231. Calice entouré à la base de deux ou quatre
  bractées (page 89)............. ŒILLET.
  Calice nu à la base (page 93).... SAPONAIRE
232. Calice à cinq divisions longues et foliacées,
  pétales entiers (page 100)...... GITHAGO.
  Calice à cinq dents, pétales échancrés (page
  97).................... LYCHNIS.

233. Herbes à feuilles opposées (p. 264) PEPLIDE.
Arbrisseaux à feuilles alternes ou en faisceaux (page 28)..... ÉPINE-VINETTE.

234. Calice à 2 folioles ou à 2 lobes profondes. 235
Calice à plus de 2 folioles ou de 2 lobes. 237

235. Cinq pétal.; calice persistant (p. 269) POURPIER.
Quatre pétales; calice caduc 236

236. Cinq à dix stigmates; ovaires globuleux,
ou ovoïde (page 31)........... PAVOT.
Un stigmate à deux lobes (p. 33) CHELIDOINE.

237. Pétales insérés sur le calice.............. 238
Pétales non insérés sur le calice........ 240

238. Ovaire sessile; stigmate simple........... 239
Ovaire pédonculé; trois stigmates, tige
laiteuse (page 617)......... EUPHORBE.

239. Calice à cinq. parties profondes.......... 35
Calice à dix ou douze dents (p. 263) SALICAIRE.

240. Feuilles alternes ou radicales 241
Feuilles opposées ou verticillées.......... 245

241. Etamines libres et distinctes 242
Etamines soudées par les filets.......... 306

242. Arbres ou arbrisseaux (page 128) TILLEUL.
Herbes................................... 243

243. Plantes aquatiques, feuilles entières...... 244
Plantes non aquatiques; feuilles découpées
(page 27)..................... ACTÆA.

244. Fleurs blanches, calice à quatre sépales (page
29)...................... NÉNUPHAR.
Fleurs jaunes, calice à 5 sépal. (p. 30) NUPHAR.

245. Etamines distinctes par leur base....... 246
Etamines soudées par leur base... (page
130)................. ..... MILLEPERTUIS.

246. Vingt étamines au moins, un stigmate
(page 74)............... HÉLIANTHÈME.
Dix à 12 étamines, 2 stigmates (p. 133) ERABLE

247. Filaments des étamines libres et non soudés.. 248
Filaments des étamines soudés , toús ou
plusieurs ensemble...................... 252

248. Un éperon à la base du calice ou de la corolle. 249
Point d'éperon......................... 251

249. Cinq étamines , éperon naissant de la corolle. 250
Huit étamines , éperon naissant du calice
(page 146).................. CAPUCINE.

250. Calice à cinq folioles (page 75).. VIOLETTE.
Calice à deux folioles (page 147) BALSAMINE.

251. Six étamines (page 66)........... IBERIS.
Sept étamines (page 135) MARRONNIER D'INDE.
Dix étamines ou plus (page 80).... RÉSÉDA.

252. Cinq stigmates...................... 253
Un stigmate......................... 254

253. Cinq étamines fertiles et cinq stériles (page
145)...................... ERODIUM
Dix étamines fertiles (page 140) GÉRANIUM.

254. Huit étamines ou moins................ 255
Dix étamines......................... 257

255. Un éperon à la base de la corolle , six
étamines ou plus..................... 256
Point d'éperon à la base de la corolle, huit
étamines (page 84).......... POLYGALA.

256. Capsule à une graine, ne s'ouvrant point
d'elle-même (page 35)...... FUMETERRE.
Capsule à plusieurs graines et à deux valves
(page 34)................... CORYDALIS.

257. LÉGUMINEUSES { Pétiole des feuill. terminé en
                      vrille simple ou rameuse. 258
                      Point de vrille 263

258. Stigmate plane et élargie vers le sommet,
jamais plus de six folioles............ 259
Stigmate linéaire, souvent plus de 6 folioles. 260

— 27 —

259. Stigmate non creusé en carêne ; stipules
prolongées en pointe à la base.... (page
199)............................. Gesse.
Stigmate creusé en carêne, stipules à base
large et arrondie (page 198).... Pois.

260. Vrille simple ; rarement plus de six folioles. 261
Vrille rameuse, souvent plus de six folioles. 262

261. Ombilic des graines latéral ; folioles lancéolées ou linéaires (page 203).... Orobe.
Ombilic terminal, folioles grandes et ovales
(page 195)...................... Feve.

262. Stigmate velu ; dents du calice plus courtes
que la corolle (page 191) ...... Vesce.
Stigmate glabre, dents du calice presque
égales à la corolle (page 196)..... Ers.

263. Feuilles simples, ternées ou digitées..... 264
Feuilles ailées.......................... 277

264. Toutes les étamines soudées ensemble... 265
Etamines soudées à l'exception d'une seule
qui reste libre 271

265. Feuilles simples ou ternées.............. 266
Feuilles digitées (page 159)....... Lupin.

266. Calice à deux ou cinq lobes 267
Calice à deux folioles (page 156).. Ulex.

267. Feuilles ou folioles entières ; calice à deux
lèvres et à cinq dents.................. 268
Feuilles ou folioles dentées en scie, calice à cinq lobes linéaires .... (page
160)......................... Ononis.

268. Carêne tombante et ne couvrant qu'incom-
plètement les organe sexuels....... ... 269
Carêne droite, couvrant les organes sexuels. 270

269. Calice tubuleux, à deux lèvres..... (page
156)........................... Genet.
Calice à une seule lèvre (page 155) Spartium.

270. Gousse à plusieurs graines ; feuilles ternées
à folioles égales page (159) .... CYTISE.
Gousse à une ou plusieurs graines ; feuilles
simples ou à trois folioles, dont celles du
milieu très-grandes (page 162) ANTHYLLIS.

271. Fleurs jaunes ou bleues................ ... 272
Fleurs blanches ou rougeâtres........... 275

272. Stipules grandes, foliacées et distinctes
du pétiole (page 181)......... LOTIER.
Stipules assez petites et adhérentes au pétiole. 273

273. Gousses très-arquées ou contournées en
spirales ; les trois folioles de la feuille
insérées au même point (p. 163) LUZERNE.
Gousse peu ou point arquée.............. 274

274. Fleurs en épis ou en grappes serrées ; deux
folioles insérées un peu au-dessous de
la terminale (page 167)...... MELILOT.
Fleurs axillaires (page 167).. TRIGONELLE.

275. Gousses cachées dans le calice ; fleurs en
têtes serrées (page 170)....... TRÈFLE.
Gousses saillantes hors du calice ; fleurs
en épis ou en grappes................ 276

276. Gousses articulées, tige non grimpante
(page 188)............... ORNITHOPUS.
Gousses non articulées, herbe grimpante ; carène tordue en spirale (p. 204) HARICOT.

277. Fleurs d'un jaune vif................ 278
Fleurs d'un jaune pâle, blanchâtr. ou rougeât. 280

278. Gousse membraneuse et renflée ; style barbu
en-dessous (page 185).. BAGUENAUDIER.
Gousse non renflée ; style non barbu, fleurs
souvent en ombelle 279

279. Gousse découpée sur un des bords en échan-
crures profondes (page 188) HIPPOCREPIS.
Gousse ni découpée ni échancrée sur les
bords (page 187)........... CORONILLE.

280. Fleurs solitaires ou en grappes ou en épis. 281
    Fleurs en ombelle (p. 187) *Coronille bigarrée.*

281. Gousse divisée en 2 loges par une cloison
    longitudinale (page 186 .... ASTRAGALE.
    Gousse à une loge, ou dont les cloisons
    sont transversales...................... 282

282. Gousse à une seule loge................... 283
    Gousse à plusieurs articles placés bout à
    bout (page 189).............. SAINFOIN.

283. Herbres ou sous-arbrisseaux; calice à 5 dents. 284
    Arbres ou arbrisseaux ; calice à quatre dents
    (page 184).................... ROBINIER.

284. Gousse à une graine, ailes très-courtes
    (page 190).............. ESPARCETTE.
    Gousse à deux ou plusieurs graines, ailes
    au moins égales à la carêne............ 285

285. Carêne à 2 pétales distincts (p. 183). RÉGLISSE.
    Carêne à deux pétales soudés en un seul
    (page 183)...................... GALÉGA.

---

286. Deux stipules à la base des feuilles, au
    moins dans leur jeunesse............... 305
    Point de stipules à la base des feuilles.. 287

287. Une glande à la base de chaque ovaire ;
    feuilles charnues...................... 288
    Point de glande à la base des ovaires ;
    feuilles non charnues 289

288. Cinq ou 6 ovair. et autant de pét. (p. 276) SÉDUM
    Plus de six ovaires et autant de pétales
    (page 279)................... JOUBARBE.

289. RENONCULACÉES { Plusieurs styles ; fruit
    non charnu........... 290
    Un seul style, fruit char-
    nu (page 27).. ACTÆA.

290. Feuilles alternes ou radicales 291
    Feuilles opposées (page 3)..... CLÉMATITE.

291. Fleur très-irrégulière et souvent prolongée
    en éperon... 292
    Fleur régulière ou peu irrégulière et jamais
    prolongée en éperon 294

292 Fleur prolongée à sa base en éperon.... 293
    Fleur sans éperon, mais qui forme une
    espèce de casque (page 26)...... ACONIT.

293. Un éperon (page 25).. PIED D'ALOUETTE.
    Cinq éperons (page 24)........ ANCOLIE.

294. Calice à trois folioles ou remplacé par un
    involucre à trois folioles.............. 295
    Calice nul ou ayant au moins cinq folioles. 297

295. Calice placé très-près de la fleur.......... 296
    Involucre placé beaucoup au-dessous de
    la fleur (page 5).............. ANÉMONE.

296. Fleur jaune, à 8 ou 9 pétales (p. 20) FICAIRE.
    Fl. bleue ou blanche. à 6 pét. (p. 8) HÉPATIQUE

297. Une écaille ou nectaire à la base interne de
    chaque pétale (page 12)..... RENONCULE.
    Point d'écaille à la base interne des pétales. 298

298. Étamines saillantes hors de la corolle qui est
    caduque, et souvent à 4 pét. (p.4) PIGAMON.
    Étamines non saillantes, corolle ayant au
    moins cinq pétales 299

299. Fleurs d'un jaune vif.................. 300
    Fl. d'un jaune pâle, rouges, bleues ou blanch. 301

300. Cinq pétales, fleur ouverte (page 21) CALTHA.
    Dix ou 15 pét., fl. globuleuse (p. 21) TROLLIUS.

301. Vingt étamines ou plus... 302
    Cinq étamines (page 11)..... RATONCULE.

302. Capsules ou ovaires renferm. plusieurs grai. 303
    Capsules ou ovaires à une graine (p. 9) ADONIS.

303. Capsules ou ovaires glabres 304
    Capsules ou ovaires cotonneux à la sur-
    face (page 27)............... Pivoine.
304. Fleurs bleues ; cinq à dix capsules souvent
    soudées en une seule (page 23)... Nielle.
    Fleurs jamais bleues ; trois à cinq capsules
    toujours distinctes (page 22). Hellébore.

305. Calice double ; pétales non insérés sur le
    calice ; étamines monadelphes........... 306
    Calice simple ; pétales insérés sur le calice ;
    étamines libres. 361
306. Malvacées { Calice extérieur à trois ou quatre
    folioles (page 122).. Mauve.
    Calice extérieur d'une seule
    pièce lobée ou de six à douze
    folioles ou plusieurs lanières. 307
307. Calice extérieur à trois ou six lobes peu
    profonds (page 126)......... Lavatéra.
    Calice extérieur à plusieurs folioles ou plu-
    sieurs lanières profondes 308
308. Plusieurs ovaires (page 125).... Guimauve.
    Un seul ovaire à 5 stigmates (p. 127) Hibiscus

309. Dix étamines ou moins 310
    Onze étamines ou plus.................. 359
310. Dix étamines (page 282)....... Saxifrage.
    Huit étamines.......................... 311
    Cinq étamines 312
    Quatre étamines (page 333).. Cornouiller.
    Deux étamines (page 255) .... Circée.
311. Fl. rouges ; graines aigrettées (p. 251) Epilobe.
    Fleurs jaunes ; sans aigrettes (p. 254) Onagre.
312. Arbrisseaux à fruits charnus.............. 313
    Herbes à fr. non charnus, divisibles en 2 part. 314

— 32 —

313. Un stigm.; feuilles toujours vertes (p. 332) LIERRE.
    Deux stigm., feuilles caduques (p.280) GROSEILLIER

314. OMBELLIFÈRES. { Fleurs sessiles, disposées sur un réceptacle commun garni de paillettes (page 289)... ERYNGIUM. Fleurs non disposées sur un récept. garni de paillettes. 315

315. Feuilles simples, entières, ou lobées, ou digitées, mais dont le pétiole n'est point ramifié. 319
    Feuilles décomposées, plus ou moins ramifiées, et non digitées 319

316. Feuilles palmées ou digit., ou à 5 lobes obtus. 317
    Feuilles entières ou dentelées 318

317. Fruit ovoïde (page 288)......... SANICLE.
    Fruit comprimé, membraneux sur les bords (page 315)................... BERCE.

318. Feuilles entières, fl. jaunes (p. 299) BUPLÈVRE.
    Fles dentel. fle. blanch. (p. 287) HYDROCOTYLE

319. Fleurs blanches, rougeâtres, ou verdâtres. 320
    Fleurs jaunes................. 354

320. Point de collerette générale............. 321
    Une coller. générale à une ou plus. folioles. 332

321. Point de collerettes partielles............ 322
    Collerettes partielles à une ou plus. folioles. 325

322. Feuilles ailées 323
    Feuilles 2 fois ternées (p. 294) ÆGOPODIUM.

323. Pétales égaux entre eux, fruit ovale-oblong (page 296) .... BOUCAGE.
    Pétales extérieurs très-grands, fruits globuleux (page 331)........... CORIANDRE.

324. Fruit comprimé, presque plane........... 325
    Fruit ovoïde, ou cylindrique, ou à 2 bosses. 327

325. Pétales à peu près égaux 326
    Pétales du bord de l'ombelle grands et bifurqués (page 315)............. BERCE.

326. Trois nervures sur chaque graine (page 308)............... ANGÉLIQUE SAUVAGE.
Cinq nervur. sur chaque graine (p. 307) SÉLIN

327. Bord du calice ou sommet de l'ovaire entier. 329
Calice à cinq dents qui persistent au sommet de l'ovaire........................ 328

328. Calice persistant au sommet de l'ovaire (page 300)............... ... ŒNANTHE.
Calice non persistant (page 317).... SILER.

329. Fruit cylindrique et allongé.......... 330
Fruit ovoïde.......................... 332

330. Fruit terminé par une pointe 3 fois au moins plus longue que la graine (p. 326) SCANDIX.
Fruit dépourvu de pointe remarquable..... 331

331. Fruit allongé-linéaire, contracté ou comprimé sur les côtés (page 329) *Chærophyllum temulum.*
Fruit comprimé, terminé en bec, à section verticale lancéolée (page 327) ANTHRISCUS.

332. Fruit glabre............................ 333
Fruit velu ou hérissé de pointes.......... 350

333. Fruit ovoïde ou globuleux, ou relevé d'ailes membraneuses 334
Fruit très-comprimé et plane............. 348

334. Fruit lisse, strié ou sillonné.. 335
Fruit bordé, ou relevé de nervures, ou d'ailes saillantes...................... 346

335. Calice dont le bord est entier............. 336
Calice à 5 dents visibles au-dessus de l'ovaire. 344

336. Fruit dont les stries sont entières.......... 337
Fruit dont les stries sont crénel. (p.330) CIGUE

337. Collerette générale n'ayant qu'une ou 2 foliol. 338
Coller. générale composée de plus de 2 foliol. 341

338. Folioles des collerettes partielles disposées seulement du côté extérieur de l'ombelle. 339
Folioles des collerettes partielles éparses ou disposées en tous sens (page 302) ÆTHUSE

339. Folioles ou lobes des fol. linéair., fruits striés 340
Folioles lancéolées, fruit sillonné (page
290)...................... CICULAIRE.

340. Calice entier; fruit oblong, comprimé sur
les côtés (page 295)........... CARUM.
Calice à 5 dents; fruit oblong-ovale à sections
transversales presque cylindriques (page
303).. SÉSELI; — (page 305).. LIBANOTIS.

341. Racines fibreuses ou en faisceaux 342
Racines tubéreuses (p. 295) *Carum noix de terre.*

342. Fruit compr. latéralem.; beaucoup de bandel;
folioles séparées jusqu'à la côte du milieu. 343
Fruit cylindrique-oblong; vallécules à une
seule baudelette; folioles non séparées de
la côte, dentées en faucille....... (page
293)...................... FALCARIA.

343. Vallécules à beaucoup de bandelettes, carpophore à deux parties (page 297) BERLE.
Vallécules à une seule bandelette, carpophore entier (page 292).. HÉLOSCIADIUM.

344. Fruits ovoïdes ou cylindriques, sessiles,
couronnés par le calice................. 345
Fruits globuleux ou à deux bosses, pédicel-
lés, non couronnés (page 331). CORIANDRE.

344 (S.) Fruits cylindriques, sessiles, couronnés
par le calice (page 300)....... ŒNANTHE.

345. Fruit bordé de deux ailes membraneuses... 346
Fruit muni sur les deux surfaces d'ailes ou
de côtes membraneuses................. 347

346. Fruit convexe; pétales lancéolés..... (page
309).................... ARCHANGELIQUE,
Fruit comprimé; pétales échancrés en
cœur au sommet (page 307)...... SÉLIN.

347. Fruit à 8 ailes membraneuses (p. 318) LASER
Fr. à 5 côtes dentées ou crépues (p. 330) CIGUE

348. Fruit entouré d'un bourrelet épais et colleux
     (page 316)................. TORDYLIUM.
     Fruit non bordé de bourrelet.............. 349
349. Pétales oblongs, égaux entr'eux (p. 307) SÉLIN
     Pét. extérieurs grands et bifides (p. 315) BERCE
350. Folioles de la collerette entières........... 351
     Folioles de la coller. découp. (p. 320) CAROTTE.
351. Pétales extérieurs de l'ombelle très-grands
     (7 à 8 mill.) ; fruits à dos lenticulaires ; les
     côtes seules hériss. de 2 à 3 séries de pointes
     laissant voir les vallécules (p. 318) ORLAYA.
     Pétales extérieurs plus grands que les inté-
     rieurs, ne dépassant pas 3 à 4 mill.; fruits
     non à dos lenticulaires, les côtes hériss. de
     pointes nombreuses couvrant les vallécul. 352
352. Côtes latérales primaires glabres, celles du
     milieu munies de pointes en une ou deux
     séries (page 322)........... CAUCALIDE.
     Toutes les côtes garnies de poils ou d'aiguill. 353
353. Toutes les côtes garnies d'aiguillons (page
     323)..................... TURGÉNIE.
     Côtes primaires garnies de poils faibles et les
     secondaires de poils rudes remplissant les
     vallécules (page 324)........... TORYLIS.
354. Collerette générale nulle ou à une foliole. 356
     Collerette générale à 2 ou plusieurs folioles. 355
355. Carpelles à 5 côtes fines, un peu ailées, égales,
     les latérales marginantes (p. 306) SILAUS.
     Les deux côtes marginales peu sensibles, les
     trois intermédiaires filiformes (page 310)
     PEUCÉDANE : — (page 313) THYSSELINUM.
356. Fruit plane (page 314).......... PANAIS.
     Fruit ovoïde ou globuleux, ou peu comprimé. 357
357. Fruit globuleux ou ovoïde................. 358
     Fruit lenticulaire, un peu comprimé (page
     313)........................ ANETH.

358. Involucre et involucelles polyphylles ; carpophore en deux pièces (page 292). PERSIL.
Involucre et involucelles nuls ; carpophore
entier (page 291)................ ACHE.

359. Calice à deux valves (page 269) POURPIER.
Calice à plus de deux valves ou de deux lobes 360

360. Feuilles opposées, 12 étam. (p. 263) SALICAIRE
Feuilles altern. ou nulles à l'époq. de la florais. 361

361. ROSACÉES { Un seul ovaire................ 362
{ Deux ou plusieurs ovaires.... 376

362. Ovaire adhérent avec le calice, et ordinairement chargé de plusieurs styles......... 363
Ovaire libre, caché par le calice et à un style. 370

363. Cinq styles, velus à la base 364
Moins de cinq styles ou cinq styles glabres... 366

364. Styles soudés par la base, fruit ombiliqué
à la base (page 245).......... POMMIER.
Styles tout à fait distincts ; fruits non ombi-
liqués à la base 365

365. Fruit cotonneux, à cinq loges polyspermes ;
graines enveloppées d'une pulpe mucila-
gineuse (page 244)........ COIGNASSIER.
Fruits glabres, à cinq loges bi-spermes,
graines sans mucilage (page 244) POIRIER

366. Feuilles ailées (page 247)....... SORBIER.
Feuilles entières, dentées ou incisées..... 367

367. Graines osseuses..................... 368
Graines cartilagineuses................. 369

368. Grandes fleurs solitaires, calice à cinq lanières foliacées (page 243)..... NÉFLIER.
Petites fleurs nombreuses, en bouquets, calice à pointes courtes (page 242) AUBÉPINE.

369. Pétales orbiculaires, ovaire à une ou deux
loges (page 250)................ ALISIER.
Pétales lancéolés, ovaire à cinq loges (page
246)................... AMÉLANCHIER.

370. Fleurs se développant avant ou avec les feuill. 371
     Fleurs se développant après les feuilles.... 375
371. Fleurs pédonculées........................ 372
     Fleurs presque sessiles, ou dont le pédicelle
        est plus court que le tube du calice 373
372. Pédicelles plus longs que le diamètre de la
        fleur (page 209)............... Cerisier.
     Pédicelles plus courts que le diamètre de la
        fleur (page 208)............... Prunier.
373. Feuilles roulées dans le bouton, avant leur
        épanouissement (page 207). Abricotier.
     Feuilles ailées sur leur nervure avant leur
        développement........................ 374
374. Fleurs blanches (page 206)..... Amandier.
     Fleurs roses (page 207).......... Pêcher.
375. Feuilles simples, dentelées (p. 209) Cerisier
     Feuilles ailées (page 231)......... Rosier.
376. Deux ovaires (page 230)...... Aigremoine.
     Au moins cinq ovaires 377
377. Calice à cinq découpures 378
     Calice à huit ou dix découpures........... 380
378. Calice ouvert........................... 379
     Calice étranglé au sommet et renfermant les
        ovaires (page 231).............. Rosier.
379. Fruit charnu ; tige garnie d'aiguillons (page
        216)............................. Ronce.
     Fr. non charnu; point d'aiguill. (p. 213) Spiréa
380. Calice à dix découpures, cinq pétales ... 381
     Calice à huit découpures, quatre ou huit
        pétales (page 229)........ Tormentille.
381. Graines ou ovaires surmontés d'une longue
        barbe (page 214).............. Bénoîte.
     Graines ou ovaires non surmont. d'une barbe 282
382. Graines ou ovaires portés sur un réceptacle
        grand et arrondi ; fleurs jamais jaunes ... 383

382 (S.) Graines ou ovaires portés sur un receptacle petit, souvent pointu ; fleurs souvent jaunes (page 225)........... POTENTILLE.

383. Fruit charnu ; fl. blanches (p. 222) FRAISIER.
Fruit non succulant ; fleurs rouges, (page 225)............... .... COMARUM.

IMCOMPLÈTES.

384. Fleurs entièr. nues, ou munies seulem. d'une enveloppe comm. à un gr. nombre de fleurs 485
Fleurs munies chacune d'une enveloppe propre, ou périgone..................... 388
385. Plante flottante ou végétant dans l'eau..... 650
Plante croissant sur la terre 386
386 Suc propre laiteux..................... 387
Suc propre non laiteux.............. 386 *bis.*
386 Fleurs mâles placées au-dessus des fl. femell.
bis. dans le milieu du spadice (page 680) ARUM.
Etamines et ovaires entremêlés dans toute la longueur du spadice (page 681) CALLA.
387. Arbre à feuilles lobées et fruit charnu (p. 630)..................... .... FIGUIER.
Herbres ou sous-arbrisseaux à feuilles entièr. ou dentées et à fruit sec (p. 617) EUPHORBE.
388. Plus de six étamines..................... 389
Six étamines ou moins 401
389. Un seul ovaire 390
Plusieurs ovaires..................... 400
390. Ovaire libre, placé dans le périgone 391
Ovaire adhérent, placé sous le limbe du périg. 397
391. Feuilles alternes 392
Feuilles opposées ou verticillées........... 396
392. Ovaire pédicellé ; suc propre laiteux (page 617)..................... EUPHORBE.
Ovaire sessile ; suc propre non laiteux..... 393

— 39 —

393. Un seul style et un seul stigmate 394
    Plusieurs styles et plusieurs stigmates 395
394. Fruit charnu ; style naissant du sommet de
    l'ovaire, plante ligneuse (p. 611) DAPHNÉ.
    Fruit non charnu ; style naissant sur le côté
    de l'ov.; plante herbacée (p. 611) STELLÉRA
395. Arbre élevé (page 631)............. ORME.
    Plante herbacée (page 603)...... RENOUÉE.
396. Arbres à feuilles opposées (page 133) ERABLE.
    Herbe à feuilles verticillées (p. 712) PARISETTE
397. Dix étamines ou moins.................... 398
    Douze étamines ou plus (page 616) ASARUM.
398. Deux styles 399
    Quatre ou cinq styles (page 336)... ADOXA.
399. Feuilles entières, linéaires ; périgone tubu-
    leux (page 274)............... GNAVELLE.
    Feuilles dentelées, arrondies, périgone ou-
    vert (page 284)........ CHRYSOSPLENIUM.
400. Neuf étamines (page 665)......... BUTOME.
    Plus de neuf étamines 289
401. Périgone coloré et ayant l'apparence d'une
    corolle................................ 402
    Périgone foliacé, membraneux ou écailleux,
    et ayant l'apparence d'un calice.......... 443
402. Trois étamines ou plus.................... 403
    Une ou deux étamines.................... 436
403. Trois étamines 404
    Quatre étamines..................... 407
    Cinq étamines..................... 408
    Six étamines.... 412
404. Feuilles radicales ou alternes 405
    Feuilles opposées 140
405. Stigmates très-grands et ayant l'apparence
    de pétales (page 703)............. IRIS.
    Stigmates non pétaliformes................ 406

406. Fleur régulière (page 705)...... SAFRAN.
Fleur irrég., presque labiée (p. 704) GLAYEUL.
407. Tige munie de deux feuilles seulement
(page 711)............... MAIANTHÊME.
Tiges ou rameaux feuillés dans toute leur
longueur (page 613).......... THESIUM.
408. Feuilles opposées........................ 409
Feuilles alternes ou radicales............ 410
409. Des stipules entre les feuilles ; fleurs très-
petites (page 273)......... ILLECÉBRUM.
Point de stipules, fleurs assez grandes (page
583)...................... NYCTAGE.
410. Ovaire libre placé dans le périgone........ 411
Ovaire adhérent à la base du périgone (page
613)...................... THÉSIUM.
411. Cinq styles (page 580)........... STATICE.
Deux à trois styles (page 603)... RENOUÉE.
412. Un seul ovaire, un seul style ou point de style 413
Plusieurs ovaires ou plus. styles, ou un seul
ovaire avec plus. styles, ou plus. stigmates. 433
413. Ovaire libre, placé dans le périgone...... 414
Ovaire adhérent ou placé sous le limbe
du périgone...... 431
414. Tige garnie de feuilles 415
Hampe nue, feuilles radicales.......... 420
415. Fleurs disposées en ombelle et sortant
d'une spathe (page 723).......... AIL.
Fleurs non disposées en ombelle et ne
sortant pas d'une spathe 416
416. Feuilles opposées (page 264)..... PEPLIDE.
Feuilles éparses ou verticillées.......... 417
Feuilles très-fines et naissant par touffes
(page 708)................ ASPERGES.
417. Fleurs divisées jusqu'à la base.......... 418
Fleurs à six dents ou divisions peu profondes (page 709)............. MUGUET.

418. Une glande nectarifère ovale ou arrondie à la
base des lanièr. de la fl. (p. 714) FRITILLAIRE
Un sillon longitudinal sur la base interne
des divisions de la fleur...................... 419

419. Périgone en cloche non persistant (p. 715) LIS
Périgone étalé, persistant (page 719) GAGÉA.

420. Périgone divisé presque jusqu'à la base. 421
Périgone divisé en lobes qui ne passent pas
le milieu................................ 428

421. Trois stigmates sessiles au sommet de l'ovaire 422
Un seul style distinct.................... 423

422. Fleur solitaire et assez grande (p. 714) TULIPE
Fleurs petites, disposées en épis ou en
grappes (page 667)......... TROSCART.

423. Fleurs en grappes, en épis ou en panicule 424
Fleurs en ombelle sortant d'une spathe (page
723)............................. AIL.

424. Filaments des étamines élargis à leur base
(page 718).............. ORNITHOGALE.
Filaments des étamines non élargis à leur base 425

425. Fleurs jaunes (page 719).......... GAGÉA.
Fleurs bleues ou blanches............... 426

426. Racine bulbeuse.......................... 427
Racines fibreuses, fleurs jamais bleues (page
716)..................... PHALANGÈRE.

427. Périgone ouvert, à six divisions caduques,
fleurs bleues (page 722)......... SCILLE.
Périgone campanulé, à 6 divisions profondes
soudées entr'elles (page 728).. ENDYMION.

428. Fleurs globuleuses, en grelot ou cylindriques et à six dents................... 429
Fleurs en tubes ou en entonnoir, et à 6 lobes. 430

429. Fleurs blanches, fruit charnu (p. 707) MUGUET
Fleurs bleues ou violettes, fruit non charnu
(page 717)................... MUSCARI.

430. Etamines déjetées de côté; périgone resserré à la base et en cloche au sommet (page 727) .... HÉMÉROCALLE.
Etamines droites; périgone en tube ou en entonnoir (page 717)...... JACINTHE.
431. Entrée du tube couronnée par un godet cylindrique, on en cloche (page 706) NARCISSE.
Entrée du tube nue...................... 432
432. Les six lanières du périgone égales entr'elles (page 707)................ PERCE-NEIGE.
Trois lanières internes de moitié plus petites que les trois autres (p. 708) GALANTHINE.
433. Un seul ovaire chargé de plusieurs styles ou de plusieurs stigmates............... 434
Plusieurs ovaires entièrement distincts..... 436
434. Fleurs radicales; naissant avant les feuilles (page 729)................... COLCHIQUE.
Fleurs en épis ou grappes nais. après les feuill. 435
435. Feuilles la plupart radicales, trois ovaires. 435 bis.
Feuilles toutes disposées le long de la tige; deux stigmates (page 603).... RENOUÉE.
435 bis. Moins de six ovaires................... 435 ter.
Six ovaires ou davantage (p. 664) ALISMA.
435 ter. Trois lanières internes du périgone plus colorées que les autres (page 667) TROSCART.
Toutes les lanières du périgone également colorées (page 666)..... SCHEUCHZERIA.
436. Etamines placées sur le périgone 140
Etamines placées sur le pistil............. 437
437. ORCHIDÉES ⎰ Division inférieure de la fleur prolongée à la base en éperon. 438
⎱ Division inférieure de la fleur sans éperon................... 439
438. Des feuilles vers la racine ou sur la tige (page 683).................... ORCHIS.
Feuilles nulles ou remplacées par des écailles (page 695)... .... LIMODORE.

439. Des feuilles vers la racine ou sur la tige.. 440
    Feuilles nulles et remplacées par des écailles
        (page 697)..... Épipactis nid d'oiseau.
440. Division irrégulière de la fleur placée du
        côté inférieur 441
    Fleur renversée; division irrégulière placée
        du côté supérieur (page 702).. Malaxis.
441. Style obtus......................... 442
    Style surmonté d'un appendice aigu (page
        701)..................... Spiranthès.
442. Stigmate placé à la partie supérieur du style
        (page 691)..................... Ophrys.
    Stigmate oblique, terminal (p. 696) Epipactis.

443 Plantes herbacées..................... 444
    Arbres ou arbustes..................... 508
444. Une étamine..................... 445
    Deux ou trois étamines..................... 447
    Quatre étamines..................... 491
    Cinq étamines..................... 495
    Six étamines 501
445. Feuilles nulles et alternes............. 445 bis.
    Feuilles opposées ou verticillées.......... 446
445 Feuilles nulles, rameaux charnus (page
bis.   586)..................... Salicorne.
    Feuilles alternes (page 593) ..... Blette.
446. Feuilles opposées (page 260).... Callitric
    Feuilles verticillées (page 259)...... Pesse.
447. Fleurs entourées de glumes; feuilles gaînant. 448
    Fleurs non glumacées; feuilles non en-
        gaînantes (page 587)........ Polycnème
448. Tige noueuse, gaînedes feuill. fendue en long 449
    Tige sans nœuds réguliers; gaîne des
        feuilles non fendues en long............487

449. GRAMINÉES. { Epillets composés de fl. toutes hermaphodit. ou entremêlées de fleurs mâles et femelles . 450
Epillets, les uns entièrement mâles, les autres entièrement femelles ou hermaphrodites ou polygames............ 485

450. Epillets pédonculés, et formant une grappe ou une panicule..................... 451
Epillets sessiles, et disposés en épis simples ou rarement rameux.................... 476

451. Epillets composés d'une seule fleur........ 452
Epillets composés de 2 ou plusieurs fleurs. 463

452. Deux étamines 453
Trois étamines..................... 454

453. Bâle intérieure munie d'une petite arête sur le dos (page 779)......... FLOUVE.
Bâle sans arête dorsale (page 782) CRYPSIS.

454. Une glume et une bâle.................... 455
Point de glume, bâle à deux valves (page 784)..................... LÉERSIA.

455. Glume à deux valves..................... 456
Une troisième valve en dehors de la glume (page 774)..................... PANIS.

456. Surface externe des glumes ou des bâles garnies de longs poils (p. 788) CALAMAGROSTIS.
Surface externe des glumes et des bâles à peu près glabres..................... 457

457. Une ou plusieurs arêtes sur la glume ou sur la bâle..................... 458
Point d'arête ni sur la glume ni sur la bâle. 459

458. Arête naissant de la base de la valve externe des bâles (page 780)............ VULPIN.
Arête naissant du dos de la valve.......... 461

459. Fleurs presque sessiles, disposées en épis
     grêles et digités (page 774)....... Panis.
     Fleurs pédicellées, en grappes ou en pani-
     cules plus ou moins serrés.............. 460
460. Valves de la glume tronquées au sommet,
     (page 783) .... Phléole.
     Valves de la glume non tronquées au sommet. 461
461. Valves de la glume en carène enveloppant
     la bâle, et munie d'une crête saillante sur
     leur nervure longitudinale........ (page
     778)...................... Phalaris.
     Valves de la glume presque ouvertes...... 462
462. Glume ventrue; semences restant envelop-
     pées par la bâle (page 790)...... Millet.
     Glume non ventrue, semences libres (page
     785)...................... Agrostis.
463. Axe de chaque épillet glabre ou un peu
     pubescent............................ 464
     Axe de l'épillet garni de poils qui recouvrent
     les bâles (page 790)............ Roseau.
464. Bâles munies d'arêtes..................... 465
     Epillets entièrement dépourvus d'arêtes.... 472
465. Arête naissant sur le dos ou à la base de la
     valve de la bâle.................... 466
     Arête naissant au sommet de la valve ou
     près du sommet........ 467
466. Arête naissant à la base de la valve (page
     793) .... Canche.
     Arête naissant sur le dos de la valve et
     genouillée (page 797).......... Avoine.
467. Arête naissant dans une échancrure du som-
     met de la valve (page 801)... Danthonia.
     Arête ne naissant pas dans une échancrure. 468
468. Arête naissant un peu au-dessous du sommet. 469
     Arête réellement terminale................ 470

469. Valve interne à bord plissé en dehors et garni
de deux rangs de cils (page 824).. Brome.
Valve interne de la bâle étroite, sans rebords
et pointue (page 792)........ Kœléria.

470. Valves des glumes fortement creusées en
carêne, arête très-courte (p. 813) Dactyle.
Valves concaves ou peu carénées, arête de
longueur variable...................... 471

471. Valve interne des fleurs bordées supérieure-
ment par des soies raides, ou ciliées pecti-
nées (page 822)........ Brachypodium.
Point de cils ou soies raides sur la valve interne des bâles (page 814).... Fétuque.

472. Epillets n'ayant qu'une ou deux fleurs fertiles ; valves de la glume très-scarieuses.. 473
Epillets ayant de trois à vingt fleurs fertiles;
valves de la glume peu scarieuses 474

473. Bâle à valves ventrues, plus courtes que
la glume (page 802)........... Mélique.
Valves de la bâle aigües, plus longues que
la glume (page 812)........... Molinia.

474. Valves de la bâle très-ventrues, évasées en
forme de cœur (page 804)....... Brize.
Valves de la bâle peu ventrues et non en
forme de cœur...................... 475

475. Fleurs comprimées et carénées au dos (p.
805)....................... ...... Paturin.
Fleurs obtuses, demi-cylindriques, non
carénées, presque ventrues intérieurement
(page 809).................. Glycéria.

476. Epillets simplement sessiles ; axe non creusé. 477
Epillets un peu enfoncés à leur base dans
les cavités de l'axe...................... 481

477. Epillets uniflores...................... 478
Epillets à deux ou plusieurs fleurs...... 479

478. Deux stigmates (page 783)........ Phléole.
Un seul stigmate (page 840)......... Nard.

479. Une bractée foliacée à la base de chaque
épillet (page 814).......... Cynosure.
Point de bractées à la base des épillets... 480

480. Valve externe des bâles entière au sommet, et
chargée d'une arête dorsale (p. 797) Avoine.
Valve externe des bâles divisée en pointes ou
en arêtes à son sommet (p. 791) Sesléria.

481. Epillets solitaires sur chaque dent de l'axe.. 482
Deux ou trois épillets sur chaque dent de l'axe 484

482. Une ou deux fleurs fertiles dans chaque
épillet (page 834)............... Seigle.
Plus de 2 fleurs fertiles dans chaque épillet. 483

483. Valves de la glume égales entr'elles, et opposées à l'axe, l'une à droite l'autre à gauche
(page 830)................... Froment.
Valves de la glume inégales et parallèles à
l'axe, l'une et l'autre au devant de l'axe
(page 838) .... Yvraie.

484. Epillets uniflores (page 835)........ Orge.
Epillets à 2 ou 4 fleurs (page 834). Elyme.

485. Epillets, les uns mâles, les autres femelles
ou hermaphrodites, mélangés ensemble
dans les mêmes épis.................... 486
Epillets mâles disposés en panicule terminale,
épill. femelles en épis axillaires (p.773) Maïs

486. Fleurs en épis; épillets trois ensemble sur
chaque dent de l'axe (page 835).. Orge.
Fleurs en panicule, fleurs polygames (page
796)........................... Houque.

487. Cypéracées. { Fleurs hermaphrodites; graines nues................... 488
Fleurs dioïques ou monoïques,
graines renfermées dans un
godet, ou capsule percée au
sommet (page 750).. Carex.

488. Glumes des épillets disposées sur deux rangs opposés et réguliers (page 741). SOUCHET.
Glumes des épillets imbriquées en tous sens. 489

489. Graines tout à fait nues, ou entourées de soies plus courtes que les glumes....... 490
Graines entourées de soies très-longues (page 748)................ LINAIGRETTE.

490. Glumes toutes fertiles (page 743)... SCIRPE.
Glumes inférieures de chaque épi stériles (page 742)..................... CHOIN.

491. Un ou 2 ovaires et un ou 2 stigmates.. 491 bis.
Quatre ovaires et quatre stigmates (page 668)................. POTAMOGÉTON.

491 Un seul ovaire............................ 492
bis. Deux ovaires (page 240)..... SANGUISORBE.

492. Ovaire libre dans le périgone............ 493
Ovaire adhérent au périgone (p. 613) THESIUM

493. Feuilles divisées en plusieurs lobes (page 239)................... ALCHÉMILLE.
Feuilles entières.......................... 494

494. Fleurs axillaires; fruit à une graine (page 627)................... PARIÉTAIRE.
Fleurs en épis terminaux, capsule à 2 ou plusieurs graines (page 581)...... PLANTAIN.

495. Feuilles alternes....................... 496
Feuilles opposées......................... 499

496. Périgone non tubuleux................... 497
Périgone tubuleux (page 613).... THÉSIUM.

497. Toutes les fleurs hermaprodites........... 498
Fleurs hermaphrodites, mélangées de fleurs femelles (page 595)........... ARROCHE.

498. Un style à 2 ou 3 stigmates (p. 588). ANSÉRINE
Deux styles (page 594)............. BETTE.

499. Des stipules à la base des feuilles........... 500
Point de stipules....................... 491

500. Capsules à 5 valves ; stipules et bractées grandes et membran. (p. 273). ILLÉCÉBRUM.
Capsules ne s'ouvrant pas ; stipules et bractées peu apparentes (page 272). HERNIAIRE.
501. Etamines sessiles sur le pistil....... (page 615) .... ARISTOLOCHE.
Etamines non placées sur le pistil......... 502
502. Périgone à quatre folioles............... 159
Périgone à trois, six ou douze parties...... 503
503. Feuilles alternes...................... 504
Feuilles opposées (page 264)..... PÉPLIDE.
504. Feuilles linéaires, lancéolées ou ovales, toujours entières 505
Feuilles de formes diverses et dentées, incisées ou anguleuses (page 597)... RUMEX.
505. Un seul ovaire et un seul style........... 506
Plusieurs ovaires ou plusieurs styles (page 667)...................... TROSCART.
506. Fleurs disposées en épis sessiles et placées sur le côté de la tige (p. 682).... ACORUS.
Fleurs en tête, en grappes, ou en panicule, ou solitaires...................... 507
507. Feuilles cylindriques ; capsule à trois loges (page 730)...................... JONC.
Feuilles planes, capsule à une loge (page 737) .... LUZULE.
508. Ovaire globuleux ; fruit charnu et arrondi (page 152)...................... NERPRUN.
Ovaire comprimé ; fruit menbraneux et aplati (page 631)...................... ORME.

UNISEXUELLES.

508 Fleurs monoïques ; les mâles et les femelles
bis. sont sur le même individu.............. 509
Fleurs dioïques ; les mâles et les femelles sont sur deux individus...................... 528

509. Monoïques. | Arbres.......................... 510
| Herbes.......................... 536

510. Feuilles entières, dentées ou lobées...... 511
Feuilles ailées ou digitées.............. 535

511. Feuilles alternes ou en faisceaux......... 512
Feuilles ou boutons opposés.............. 532

512. Feuilles entières ou dentelées, ou pinnatifides 513
Feuilles lobées, à nervures palmées....... 531

513. Filaments des étamines nuls ou soudés ensemble ; feuilles jamais dentées, ordinairement linéaires et persistantes.......... 514
Filaments des étamines distincts ; feuilles
souvent dentées et ordinairement caduques. 520

514. Conifères ... | Feuilles naissant par faisceaux. 515
| Feuilles solitaires........... 516

515. Deux à 5 feuilles à chaque faisceau (p. 658) Pin
De 15 à 20 feuilles à chaque faisceau (page
661)......... .... Mélèse.

516. Feuilles alternes..................... 517
Feuilles verticillées (page 656). Genévrier.

517. Fruit charnu ou baie ; anthères en bouclier,
à huit lobes (page 655).............. If.
Fruit nullement charnu ; anthères n'ayant
point la forme d'un bouclier........... 518

518. Feuilles persist. ; écailles des cônes obtuses. 519
Feuilles caduques ; écailles des cônes prolongées en pointe à l'époque de la floraison
(page 661)..................... Mélèze.

519. Feuilles solitaires, rameaux étal. (p. 660) Sapin
Feuilles imbriquées, serrées sur 4 rangs ;
rameaux peu divergeants (p. 657). Thuya.

520. Amentacées. | Fleurs monoïques........... 521
| Fleurs dioïques........... 528

521. Cinq étamines ou plus.................. 522
Quatre étamines ou moins.............. 526

— 51 —

522. Chatons mâles globuleux...................... 523
     Chatons mâles allongés et cylindriques..... 524
.523. Huit étamines, ou 3 stigmates (p. 634). Hêtre.
     Plus de 8 étam. ou 1 stigmate (p. 638) Platane
524. Fleurs, les unes mâles, les autres femelles. 525
     Fleurs, les unes mâles, les autres herma-
       phrodites (page 634)....... Chataignier.
525. Anthèr. terminées par un poil (p. 637) Charme
     Anthères non barbues..................... 526
526. Cinq ou huit étamines.................... 527
     Plus de dix étamines (page 652) Bouleau.
527. Fruit non enveloppé d'une coque osseuse;
       cinq à dix étamines (page 635). Chêne.
     Fruit enveloppé d'une coque osseuse; huit
       étamines insérées sur une écaille à trois
       lobes (page 635)............ Coudrier.
528. Graines chargées de houppes de poils...... 529
     Graines non poilues..................... 530
529. De une à cinq étamines (page 639).. Saule.
     De huit à vingt étamines (p. 647) Peuplier.
530. Chatons mâles cylindriques; fruit non charnu
       (page 653)....................... Aulne.
     Chatons ovoïdes; fruit charnu (p. 630) Murier
531. Suc propre laiteux; fleurs enfermées dans
       une enveloppe charnue (p. 630) Figuier.
     Suc propre non laiteux; fleurs disposées en
       épi ou en chatons courts (page 630) Murier.
532. Arbre ou arbrisseau élevé et non parasite. 533
     Sous-arbrisseau parasite sur d'autres arbres
       (page 335)...................... Gui.
533. Feuilles entières....................... 534
     Feuilles à trois ou cinq lobes (p. 133) Erable.
534. Feuilles très-petites, imbriquées, serrées
       contre le rameau (page 657)..... Thuya.
     Feuilles grandes, étalées (page 617)... Buis.

535. Feuilles ou boutons opposés (p. 464). FRÊNE.
Feuilles alternes (page 633)....... NOYER.

536. Fleurs entièrement nues, ou munies seulement d'une enveloppe commune à plusieurs fleurs.............. 385
Fleurs munies au moins d'une enveloppe
propre................................ 537

537. Une à six étamines..................... 538
Plus de six étamines 553

538. Une vrille à l'aisselle des feuilles........ 539
Point de vrille à l'aisselle des feuilles... 542

539. Fruit à une loge; fl. dioïques (p. 268) BRYONE.
Fruit à plusieurs loges; fleurs monoïques. 540

540. Graines à bords aigus et nichées dans une
pulpe (page 267)........... CONCOMBRE.
Graines à bords calleux non nichées dans une
pulpe.................................. 541

541. Fleurs blanches, graines presque carrées
(page 267).................... GOURDE.
Fleurs jaunes; graines ovales (p. 265) COURGE

542. Une ou deux étamines................... 543
Trois étamines.......................... 545
Quatre étamines........................ 548
Cinq étamines.......................... 551

543. Un seul ovaire......................... 544
Deux à six ovaires dans chaque fleur (page
674).................... ZANICHELLIA.

544. Deux styles; feuilles opposées.......(page
260).................... CALLITRICHE.
Style nul ou solitaire, feuilles alternes ou
verticillées............................ 650

545. Feuilles linéaires, à nervures simples et parallèles 546
Feuilles ovales, à nervures rameuses (page
584)..................... AMARANTE.

— 53 —

546. Un style à deux ou trois stigmates ; gaîne
des feuilles entières.................. 546 *bis.*
Point de style ; deux stigmates ; gaîne des
feuilles fendues en long................ 449

546
bis. Une écaille à la base de chaque fleur (pour
bractée)........................... 487
Point d'écailles à la base des fleurs........ 547

547. Chatons cylindriques (page 678). MASSETTE.
Chatons globuleux (page 679). RUBAN-D'EAU.

548. Ovaire libre dans la fleur................ 549
Ovaire adhérent ou sous la fleur.......... 550

549. Toutes les fleurs mâles ou femelles ; poils
à piqûre brûlante (page 626).... ORTIE.
Fleurs hermaphrodites, mélangées avec des
fleurs femelles ; piqûre des poils non brûlante (page 627).............. PARIÉTAIRE.

550. Feuilles verticillées (p. 344). *Gaillet croisette.*
Feuilles opposées (page 335).......... GUI.

551. Fleurs rapprochées, mais non entourées
d'involucre............................ 552
Fleurs réunies dans un involucre commun
(page 640)................. LAMPOURDE.

552. Fleurs, les unes mâles, les autres femelles
page 594) .... EPINARD.
Fleurs, les unes femelles, les autres hermaphrodites (page 595).......... ARROCHE.

553. Feuilles opposées ou verticillées.......... 554
Feuilles radicales ou alternes............ 556

554. Feuilles opposées, presque entières (page
625)..................... MERCURIALE.
Feuilles verticillées ou très-découpées.... 555

555. Huit étamines (page 258)... VOLANT-D'EAU.
Environ 20 étamines (p. 262).... CORNIFLE.

556. Un seul ovaire, suc propre laiteux (page 617) .... EUPHORBE.
Plusieurs ovaires, suc propre non laiteux (page 664) .... SAGITTAIRE.

557. DIOÏQUES ... } Arbres ou arbrisseaux 558
} Herbes 564

558. Feuilles ou boutons opposés ou verticillés. 559
Feuilles ou boutons alternes 560

559. Plante parasite sur les autres arbres (page 335).... .... GUI.
Arbre ou arbrisseau élevé (p. 464).. FRÊNE.

560. Fleurs munies d'un calice et d'une corolle (page 152).................... NERPRUN.
Fleurs formées d'une seule enveloppe.... 561

561. Calice ou périgone à six divisions........ 562
Calice ou périgone nul, ou à moins de six divisions 563

562. Feuilles linéaires, naissant en faisceau (page 708)...................... ASPERGE.
Feuilles non linéaires et ne naissant pas en faisceau (page 612)........... LAURIER.

563. Périgone tubuleux à 3, 4 ou 5 lobes....... 564
Périgone nul ou non tubuleux, ou en forme d'écailles, ou à deux parties........... 513.

564. Plante terrestre ou parasite............. 565
Plante flottant dans l'eau, ou vivant au fond de l'eau (page 663)....... HYDROCHARIS.

565. Feuilles alternes........................ 566
Feuilles opposées........................ 575

566. Feuilles ailées, digitées ou décomposées .. 567
Feuilles simples, entières ou incisées....... 568

567. Feuilles digitées; périgones à cinq lobes (page 628) .... CHANVRE.
Feuilles ailées avec impaire : périgone à quatre lobes (pagé 240) .. PIMPRENELLE.

568. Feuilles engaînantes à leur base 569
Feuilles non engaînantes................... 570
569. Fleurs glumacées, 2 à 3 étamin. (p. 750) CAREX
Fleurs non glumacées, 6 étam. (p. 597) RUMEX
570. Périgone à six lobes...................... 571
Périgone à moins de six lobes............. 572
571. Feuilles linéaires naissant en faisceau (page
708)........................... ASPERGE.
Feuilles solitair. non linéaires (p. 713) TAMUS.
572. Périgone à cinq lobes................... 573
Périgone à deux ou quatre lobes......... 574
573. Une vrille à l'aisselle des feuilles, trois étamines (page 268)............... BRYONE.
Point de vrilles ; 5 étamines (p. 594) EPINARD.
574. Cinq étamines, 4 styles (page 594) EPINARD.
Quatre étamines ; un stigmate (p. 626) ORTIE.
575. Tige longue, tortillée et grimpante (page
629)........................ HOUBLON.
Tige non grimpante...................... 576
576. Plante parasite (page 335)........... GUI.
Plante non parasite 577
577. Feuilles digitées (page 628)..... CHANVRE.
Feuilles simples, non digitées 578
578. Une corolle et un calice................. 579
Une seule enveloppe à la fleur........... 580
679. Corolle monopétale 140
Corolle polypétale (page 97)..... LYCHNIS.
580. Trois étamines 140
Neuf à 12 étamin. 2 styles (p. 625) MERCURIALE

FLEURS CONJOINTES.

581. Corolles ou fleurons de même sorte, toutes
en languettes, ou toutes en cornets 582
Corolle ou fleurons de deux sortes, celles
du centre en cornets et celles de la circonfé-
rence en languettes formant une couronne. 633

582. Fleurs semiflosculeuses ; corolle formant un très-petit tube à leur base et se prolongeant d'un côté en une languette ou lanière allongée.. 583
Fleurs flosculeuses ; corolle en cornet ou en tube à quatre ou cinq dents à peu près régulières, ou cinq lobes 606

583. Chicoracées ou \ Graines ou ovaires chargés d'aigrettes....... 584
Semiflosculeuses / Graines nues ou toutes dépourvues d'aigrettes 604

584. Aigrettes composées de poils............. 585
Aigrette composée d'écailles ou de membranes (page 411)................... Chicorée.

585. Poils de l'aigrette simples et non rameux, au moins à l'œil nu.................... 586
Poils de l'aigrette plumeux............... 598

586. Graines terminées par un appendice mince qui fait paraître l'aigrette pédicellée...... 587
Graines non terminées en col mince ; aigrette sessile.................................. 592

587. Réceptacle nu, ou un peu ponctué........ 588
Réceptable garni de paillettes entremêlées avec les fleurs (page 419)... Hypochœris.

588. Involucre à 7 ou 8 folioles entourées à leur base d'une seconde rangée avortée...... 589
Involucre à folioles nombreuses et imbriquées................................. 590

589. Tige garnie de feuilles (p. 422). Chondrille.
Tige nue ; feuilles radicales (p. 420) Taraxacum

590. Folioles de l'involucre membraneuses sur les bords, fleurs blanches ou jaunes (page 423)...................... Laitue.
Folioles de l'involucre non membraneuses sur les bords ; fleurs toujours jaunes.... 591

591. Folioles de l'involucre déjetées en dehors à
      la maturité ; hampe nue et à une fleur
      (page 420)................ TARAXACUM.
      Folioles de l'involucre serrées et entourant
      les graines à la maturité ; tiges souvent feuil-
      lées ou à plus. fleurs (p. 428). BARKAUSIA

592. Aigrettes à la circonfér. différentes de celles
      du centre, celles-ci pédicellées, et les pre-
      mières sessiles (p. 420) HYPOCHÆRIS GLABRE
      Aigrettes toutes semblables.............. 593

593. Réceptacle nu........................... 594
      Réceptacle chargé de poils ou d'écailles.... 597

594. Involucre imbriqué et composé d'un grand
      nombre de folioles...................... 595
      Involucre à folioles non imbriquées et peu
      nombreuses (p. 423)...... PRENANTHÈS.

595. Folioles extérieures de l'involucre lâches
      (page 429)..................... CRÉPIS.
      Folioles toutes imbriquées 596

596. Aigrette toujours blanche et molle ; graines
      comprimées (page 426)......... LAITRON.
      Aigrette raide, souvent roussâtre ; semences
      cylindriques (page 433)..... ÉPERVIÈRE.

597. Réceptacle chargé de poils (p. 433) EPERVIÈRE
      Réceptacle chargé de paillettes ou d'écailles
      (page 419)............... HYPOCHÆRIS.

598. Graines amincies au sommet en un col étroit
      qui fait paraître l'aigrette pédicellée..... 599
      Graines non amincies en col ; aigrette sessile. 602

599. Involucre à 8 ou 10 folioles égales, soudées
      ensemble (page 416)........... SALSIFIS.
      Involucre à plusieurs folioles disposées sur
      deux ou plusieurs rangs............... 600

600. Graines striées en travers ou tuberculeuses
      (page 415)............... HELMINTHIA.
      Graines lisses ou striées en long......... 601

601. Graines portées sur un pédicelle creux (page 418).................... Podosperme.
Graines sessiles (page 417).... Scorsonère.
602. Aigrettes des graines extérieures courtes et en couronne dentée (page 412) Thrincie.
Toutes les aigrettes plumeuses............ 603
503. Graines lisses et striées en long.... (page 413)..................... Léontodon.
Graines tuberculeuses ou striées en travers (page 414)............... Picride.
604. Réceptacle nu........................... 605
Réceptacle garni d'écailles (p. 411) Chicorée.
605. Involucre cylindrique, à folioles canaliculées (page 410)................... Lampsane.
Involucre presque globuleux, pédoncules renflés (page 411).......... Arnoséris.

FLOSCULEUSES.

606. Graines couronnées d'une aigrette de poils. 607
Graines nues, ou terminées par une ou deux dents.................................. 626
607. Poils de l'aigrette simples, ou légèrement dentées................................ 608
Poils de l'aigrette rameux ou plumeux.... 624
608. Réceptacle garni d'écailles ou de paillettes, feuilles souvent épineuses............... 609
Céceptacle nu ; feuilles et involucre jamais épineux................................. 615
609. Paillettes du réceptacle longues et très-apparentes 610
Paillettes tronquées et formant de petites alvéoles (page 400)........ Onopordon.
610. Fleurons tous égaux et hermaphrodites... 613
Fleurons extérieurs grands, femelles ou stériles 611

— 59 —

611. Fleurs jaunes; aigrettes paléacées........ 612
Fleurs blanches, bleues ou purpurines;
aigrettes capillaires ou nulles.... (page
405)..................... Centaurée.

612. Tige ailée; feuilles décurrentes; involucre
glabre (page 409).. *Centaurée du solstice.*
Tige non ailée; feuilles non décurrentes;
involucre laineux (p. 404) Kentrophyllum

613. Folioles de l'involucre épineuses (page
399).................... Chardon.
Folioles de l'involucre non épineuses....... 614

614. Folioles de l'involucre aiguës et crochues
au sommet (page 401)....... Bardane.
Folioles droites et non crochues... (page
403)........................... Sarrette.

615. Fleurs jaunes ou jaunâtres............... 616
Fleurs rougeâtres ou blanchâtres......... 620

616. Folioles de l'involucre foliacées.......... 617
Folioles de l'involucre scarieuses et coloriées 618

617. Fleurons tous égaux et à cinq dents (page
390)..................... Séneçon.
Fleurons extérieurs grêles et à trois dents
(page 373).................... Conyze.

618. Involucre imbriqué à 5 angles (p. 575) Filago
Involucre imbriqué, hémisphérique ou cylindrique............................ 619

619. Fleurs toutes hermaphrodites, écailles de
l'involucre inégales, très-scarieuses (page
379)..................... Helychrysum.
Fleurs, les unes hermaphrodites, les autres
femelles ou stériles (p. 377). Gnaphalium.

620. Feuilles opposées, le plus souvent digitées
(page 360)............... Eupatoire.
Feuilles alternes, toujours simples........ 621

621. Folioles de l'involucre disposées sur un seul
rang ou sur 2 rangs, dont l'un fort petit.. 622
Folioles de l'involucre imbriquées......... 623

622. Têtes de fleurs radiées (p. 361). TUSSILAGE.
Têtes de fleurs flosculeuses et dioïques (page
361) .... PÉTASITE.

623. Aigrettes nulles dans le bord et à cinq paillettes dans les graines du centre... (page
409) .... XÉRANTHÈME.
Aigrettes toutes composées de poils nom-
breux (page 377).......... GNAPHALLIUM.

624. Folioles intérieures de l'involucre grandes,
scarieuses, colorées et en forme de couronne (page 402).............. CARLINE.
Folioles internes de l'involucre, ni grandes,
ni colorées, ni en couronne............ 625

625. Réceptable très-grand et très-charnu (page
398).................... ARTICHAUT.
Réceptacle peu ou point charnu.... (page
395) .... CIRSE.

656. Involucre épineux (page 404)... CARTHAME.
Involucre non épineux................ 627

627. Etamines insérées sur la corolle.......... 628
Etamines non insérées sur la corolle (page
441)................. JASIONE.

628. Réceptable nu ou chargé de poils........ 629.
Réceptacle garni d'écailles ou de paillettes.. 631

629. Toutes les graines nues, ou toutes munies
d'une courte membrane............. 630
Graines extérieures nues, celles du centre
munies d'une aigrette à 5 poils.....(page
409) ....'... XÉRANTHÈME.

630. Graines tout à fait nues ; fleurons extérieurs
entiers (page 380) .... ARMOISE.
Graines couronnées par une petite membrane,
fleurons extérieurs à 3 dents...... (page
382)................... TANAISIE.

631. Feuilles alternes...................... 632
     Feuilles opposées, graines à 2 dents (page
     368)............................ BIDENS.
632. Involucre à plus de dix folioles serrées (page
     405)........................ CENTAURÉE.
     Involucre à moins de 10 folioles lâches (page
     374)......................... MICROPE.
633. RADIÉES . ..{ Feuilles alternes ou radicales. 634
                 { Feuilles opposées........... 648
634. Graines couronnées par une aigrette de poils. 635
     Graines non couronnées de poils........... 643
635. Demi-fleurons de la même couleur que le
     disque 636
     Demi-fleurons d'une autre couleur que le
     disque 614
636. Folioles de l'involucre imbriquées sur plu-
     sieurs rangs............................. 637
     Folioles de l'involucre disposées sur un seul
     ou sur deux rangs 638
637. Cinq à six demi-fleurons à chaque fleur
     (page 367)................. VERGE D'OR.
     Dix à douze demi-fleurons au moins...... 639
638. Aigrette de poils simples tous semblables
     (page 371)..................... INULE.
     Aigrette double, l'intérieur formé de poils
     longs et l'extérieur de poils courts (page
     372)...................... PULICAIRE.
639. Feuilles radicales et naissant après les fleurs
     (page 361)................. TUSSILAGE.
     Tiges garnies à la fois et de feuilles et de fleurs 640
640. Involucre à deux rangs de folioles dont l'ex-
     térieur tres-petit (page 390).... SENEÇON.
     Involucre à 2 rangs égaux (p. 389) ARNICA.
641. Demi-fleurons grêles, étroits et linéaires
     (page 366)................... ERIGÉRON.
     Demi-fleurons larges et oblongs........... 642

642. Involucre imbriqué, rayons bleus.. (page 363)................ Aster.
Involucre court, à deux rangs de folioles presque égales (page 365).... Sténactis.

643. Réceptacle nu...................... 644
Réceptacle garni de paillettes......... . 647

644. Graines courbées, plissées et irrégulières (page 395)................ Souci.
Graines droites et régulières............. 645

645. Graines nues au sommet; folioles de l'involucre à 1 seul rang (p. 365) Paquerette.
Graines couronnées par un rebord membraneux, involucre imbriqué............. 646

646. Involucre hémisphérique, folioles scarieuses sur les bords (page 386). Chrysanthème.
Involucre plane, folioles peu scarieuses (page 386)................. Matricaire.

647. Réceptacle plane (page 383).... Achillée.
Réceptacle convexe (page 384).. Camomille.

648. Graines terminées par deux ou cinq dents ou arêtes, fermes et persistantes; réceptacle étroit......................... 649
Graines terminées par des arêtes molles et caduques; réceptacle très-large... (page 369).................. Hélianthème.

649. Graines terminées par deux ou quatre dents accrochantes (page 368)........ Bidens.
Graines terminées par cinq arêtes... (page 369)........................ Tagétès.

650. Nayadées. } Plantes flottantes, composées d'une ou plusieurs feuilles (page 676)........ Lemna.
Plantes adhérentes au fond de l'eau, et où l'on distingue une tige et des feuilles..... 651

651. Feuilles entières ; fruits de la grosseur
  d'une tête d'épingle (page 842).. Chara.
  Feuilles linnées ; fruits de la grosseur d'un
  petit pois (page 675) .... Nayade.

CRYPTOGAMES.

652. Feuilles roulées en crosses avant leur déve-
  loppement 653
  Feuilles non roulées avant leur développe-
  ment 663

653. Fougères . { Fruits portés sur la surface inférieure de la feuille......... 654
  Fruits en grappes ou en épis
  distincts de la feuille......... 661

654. Capsules recouvertes d'un tégument....... 655
  Capsules nues et non recouvertes par un
  tégument 660

655. Capsules groupées sur les bords de la feuille
  (page 858)................... Ptéris.
  Capsules groupées à la surface même de la
  feuille 656

656. Capsules groupées en lignes allongées..... 657
  Capsules groupées en points ovales ou arrondis 659

657. Lignes de fructification parallèles à la côte
  principale de la feuille (p. 857) Blechnum.
  Lignes de fructification obliques ou perpen-
  diculaires sur la côte.................. 658

658. Lignes de fructification très-longues, cou-
  vertes d'un tégument à deux valves linéaires
  (page 857)............... Scolopendre.
  Lignes de fructification assez courtes et cou-
  vertes d'un tégument à une valve (page
  854).. .... Asplenium.

659. Tégument ombiliqué, attaché par le centre, et se détachant sur les bords....... (page 852).................... POLYSTICHUM.
Tégument réniforme, se soulevant du sommet à la base (page 853)....... ASPIDIUM.

660. Capsules groupées en points arrondis très-distincts (page 850)........... POLYPODE.
Capsules couvrant toute la surface inférieure des feuilles ou cachées par des écailles (page 849).......... CÉTERACH.

661. Feuille entière (page 847).... OPHIOGLOSSE.
Feuille pennée ou bipennée............... 662

662. Capsules sessiles et opaques.........(page 847)................... BOTRYCHIUM.
Capsules pédicellées, pellucides ......(page 849)................... OSMONDE.

663. Tiges articulées, à rameaux verticillés.... 664
Tiges non rameuses, ou dont les rameaux ne sont pas articulés.................. 665

664. Articulations entourées d'une gaîne polyphylle (page 844)............... PRÊLE.
Articulations dépourvues de gaines (page 842).................... CHARAGNE.

665. Fructifications sessiles à l'aisselle des feuilles ou disposées en épis (p. 859).. LYCOPODE.
Fructifications pédicellées.............. 666

666. MOUSSES .. { Péristome double............. 667
Péristome simple 675
Péristome nul 691

667. Pédicelle terminal 668
Pédicelle latéral 673

668. Péristome intérieur membraneux 669
Péristome intérieur bordé de cils ou de dents. 670

669. Coiffe double, l'extérieure composée de longs poils (page 863)............ .... POLYTRIC.
Coiffe simple, hérissée de poils courts et fins (page 866)................. OLIGOTRIC.

670. Coiffe en forme de mitre................. 671
Coiffe ne couvrant pas entièrement la capsule 672

671. Capsule pyriforme, coiffe ventrue et tétragone à la base, toujours glabre (p. 868) FUNAIRE.
Capsule non en forme de poire, coiffe non ventrue et souvent velue (p. 909) ORTHOTRIC

672. Capsule presque globuleuse........ (page 867)................... BARTRAMIA.
Capsule pyriforme, obovale ou presque cylindrique (page 869)............. BRYUM.

673. Coiffe en forme de mitre (p. 880) FONTINALE.
Coiffe ne couvrant pas entièrement la capsule. 674

674. Péristome externe à seize dents droites, alternant avec les cils du péristome interne (page 878)................... NECKÉRA.
Péristome externe à seize dents ; péristome interne membraneux et divisé en seize segments égaux (page 880)...... HYPNE.

675. Coiffe ne couvrant pas entièrement la capsule 676
Coiffe en forme de mitre................. 683

676. Dents du péristome contournées en spirale (page 893).................... TORTULE.
Dents du péristome non tournées en spirale. 677

677. Trente-deux dents........................ 678
Seize dents............................... 681

678. Pédicelle latéral........................ 679
Pédicelle terminal........................ 680

679. Trente-deux dents réunies par paire à leur base (page 892)............ .... LEUCODON.
Seize dents bifides ou fendues en 2 lanières jusqu'au milieu de leur longueur.. (page 898)..................... DICRANUM.

680. Dents rapprochées par paires........ (page 896)....................... DIDYMODON.
Dents bifides, placées à égale distance les unes des autres (page 898).... DICRANUM.

681. Dents rapprochées par paires....... (page 896)..................... DICYMODON.
Dents placées à égale distance les unes des autres................................. 682

682. Dents bifides (page 898)........ DICRANUM.
Dents entières (page 902)........ WEISSIA.

683. Péristome membraneux, conoïde, plissé et tronqué (page 913)......... DIPHYSCIUM.
Péristome bordé de dents ou de cils....... 684

684. Trente-deux dents...................... 690
De quatre à seize dents entières ou bifides. 685

685. Dents bifides (page 903)... THESANOMITRION.
Dents entières au sommet............... 686

686. Coiffe très-grande, en forme d'éteignoir, recouvrant toute la capsule (p.904) ÉTEIGNOIR
Coiffe non en éteignoir................... 687

687. Quatre dents (page 912)........ TÉTRAPHIS.
Huit ou seize dents................... 688

688. Huit dents marquées de trois sillons longitudinaux, ou seize dents marquées d'un seul sillon (page 909)............. ORTHOTRIC.
Seize dents non sillonnées................ 689

689. Dents du péristome en forme d'alène et divisées dès la base (page 906) TRICHOSTOME.
Les dents du péristome pyramidales, entières ou perforées (page 907)........ GRIMMIA.

690. Trente-deux dents réfléchies ; capsule portée sur une apophyse (page 913).... SPLANC.
Trente-deux dents filiformes et contournées en spirales ; capsule dépourvue d'apophyse (page 905)................ CINCLIDOTE.

691. Opercule passager...................... 692
    Opercule persistant (page 917).. PHASQUE.
692. Coiffe peu distincte, qui se rompt en long et
    entoure la base de la capsule.... (page
    915)...................... SPHAIGNE.
    Coiffe très-distincte, qui se rompt en long et
    n'entourant pas la base de la capsule..... 693
693. Coiffe en capuchon, opercule oblique, terminé
    par un bec (page 914)..... GYMNOSTOME.
    Coiffe en forme de mitre, opercule aplati
    (page 915)............... ANICTANGIUM.

FIN DE LA TABLE ANALYTIQUE.

Metz. — Imp. J. Verronnais.